LAS EXTRAORDINARIAS AVENTURAS DE OLIXER Y LUXURI

Las extraordinarias aventuras de Olixer y Luxuri
Primera edición
San Salvador, El Salvador, 2025

ISBN 978-99983-965-25 -1

Diseño de portada: Maynor Flores (utilizando iA)
Revisión y corrección: Josué Andrés Moz
Diseño y diagramación: Santiago Arnulfo Pérez

863.44
F634e Flores, Maynor
Las extraordinarias aventuras de Olixer y Luxuri / Maynor Flores ;
slv diseño de portada iA Maynor Flores ; Revisión y corrección Josué Andrés Moz ; Diseño y diagramación Santiago Arnulfo Pérez. -- 1a. ed. -- San Salvador, El Salv. : Celdas Ediciones, 2025.
240 pp. ; 21 cm.

ISBN: 978-99983-66-25-1 (Impreso)

1. Cuentos salvadoreños. 2. Fantasía. 3. Literatura salvadoreña. I. Título.

CELDAS
ediciones

Impreso en El Salvador

MAYNOR FLORES

LAS EXTRAORDINARIAS AVENTURAS DE OLIXER Y LUXURI

CEDAS
ediciones

CONTENIDO

Querida tía Chani

Te dedico este libro a ti, ya que durante años estuviste preguntándome si seguía escribiendo, a lo que siempre respondí que sí, a pesar de que pasé más de once años sin hacerlo. Fue gracias a tu insistencia e interés que por fin nuevamente retomé la escritura. Y vaya que bien me ha ido... Quién sabe si esta historia no hubiera salido a la luz de no ser por tu motivación.

PRÓLOGO

ESTIMADO LECTOR, cuánto me alegra que seas parte de esta historia y aunque sé que estas ansioso por saber más de Lyall, Arseni, Datxer y Tridan, te pido un poco de paz, que abras tu mente a esta historia y la disfrutes, créeme cuando te digo que valdrá la pena la espera. Decidí publicar primero este libro, y creo que a medida que avancen las páginas entenderás el porqué, verás que en nuestra vida hay muchas personas con las nos cruzamos y no tienen relevancia y hay otras a las cuales jamás conocemos, pero cuyas decisiones son fundamentales en nuestras vidas.

CAPÍTULO 1
Una misión insólita

En el mundo llamado Nuevo Avalon existían muchos reinos de la raza Nenfis, pero entre todos destacaban dos: Ascool y Breyer. Siempre, desde su fundación ambos reinos coexistieron en paz, con diferencias en políticas, pero en paz. En el año quinientos del tercer periodo (medida de tiempo que equivale a mil años) los dos herederos al trono, el príncipe de Ascool (Artioris) se enamoró de Jodis, quien fuera la reina de Breyer. Pasado un tiempo contrajeron matrimonio, esto no solo trajo unión a sus vidas, sino también una unión aún más grande para sus reinos. Pero no fue, sino hasta pasados quinientos años he iniciado el nuevo periodo que la reina dio a luz a dos hijos mellizos, ambos varones. Esto llenó a los reyes de orgullo y gloria, pues de un mismo parto nacieron aquellos que regirían los dos reinos; el primer hijo fue llamado Olixer y el segundo fue llamado Luxuri. Ambos (al nacer como todo nenfis) comenzaron a dar indicios de poseer magia, pero era notoria, aparte de su diferencia física, la diferencia entre color de sus ojos; el azul era más intenso en los ojos de Olixer, rasgo que entre los nenfis se sabe que augura un nivel de magia y espíritu más fuertes, mientras que en los ojos de Luxuri apenas se notaba un leve tono transitando entre gris y celeste.

Para los que no saben qué son los nenfis, estos son una raza con atribuciones mágicas y naturales, que fueron creados durante el inicio del mundo y del tiempo, (pero esa es otra historia), los nenfis cuentan con un tipo de magia singular que los asemeja tanto a los magos como a las criaturas mágicas como las ninfas y ondinas. Las cuales poseen cualidades mágicas allegadas a la naturaleza.

Pasados diez años desde su nacimiento, ambos hermanos ya se habían formado en las artes e historia nenfis, tenían un año de haber comenzado su adiestramiento en sobrevivencia, manejo de cualidades mágicas y uso de armas básicas, como arcos y espadas; esta última principalmente utilizada para defenderse. Ambos eran criados y formados de igual manera, y su enseñanza estaba a cargo de sus padres y del maestro nenfis llamado Frigg.

Pero esto cambió un día, mientras se encontraban en la biblioteca, en un momento en que su mentor se había retirado de la mesa de lectura, Luxuri vio que un aprendiz de mago se había levantado para buscar otros libros y dejó en esa misma mesa su varita, entonces él, a manera de broma la tomó, y esta que tenía forma de cuerno y una esfera colorida en la punta, comenzó a hacer los mismos gestos que había visto que el joven realizaba. Pero no pasó nada, justo en ese momento recordó un hechizo que había conjurado un mago en una anterior ocasión para encender fuego sobre leña.

Entonces procedió a decir «*Ogien*» y para asombro de ambos, de la varita salió un leve rayo de energía, el cual al impactar en la mesa se transformó en una leve flama. Ninguno podía creer lo que había sucedido, se miraban el uno al otro con cara de incredulidad; nadie, absolutamente nadie puede conjurar magia con una varita real de mago. Nadie, excepto otro mago. Al fondo del pasillo, Frigg había observado la hazaña, y al instante, con aparente enfado le quito la varita a Luxuri y tomándolo del brazo se lo llevó con prisa frente a los reyes. Mientras tanto Olixer se quedó a pagar la leve llama y a ordenar los libros.

Al llegar donde los reyes Frigg les comentó lo sucedido. Ambos se exaltaron maravillados –¡Un nenfis mago! –Expresó el rey. –No se había visto en ningún periodo de existencia de los nenfis, esto es: ¡razón de gozo y celebración!

Frigg le sugirió al rey que Luxuri debería cambiar inmediatamente de maestro y comenzar su nuevo entrenamiento en la magia, por tal razón se le asigno como nuevo maestro el mago Nervi, el cual formaba parte del consejo real, y además era el encargado de asistir y enseñar a los aprendices de mago que practicaban en la ciudad de Ingiros; la ciudad capital del reino de Breyer. Es así, que Luxuri tuvo que mudarse a esa ciudad para dedicarse de lleno y aprender cómo ser un mago.

Pasado un año de ese hecho, Olixer ya dominaba con facilidad muchas de las cualidades mágicas que a un nenfis comúnmente le tomaría muchos años aprender. Sin duda contaba con un talento natural. Mientras tanto, Luxuri tenía muchas dificultades para controlar su magia y muchos conjuros que los demás aprendices ya dominaban a la perfección.

Cerca del final del invierno y llegado el cumpleaños de los hermanos, ambos tenían la tarea de realizar la ceremonia llamada *nashnite* que significa "el inicio de". Esta ceremonia no era nada más que la primera tarea o misión que todo nenfis debe que realizar para probar su valor y honor. En el caso de la nobleza, esto tenía más notoriedad debido a que era la forma de demostrar qué tipo de reyes serían en el futuro.

Para la asignación de la tarea, los nenfis pertenecientes a la realeza utilizaban por tradición uno de los libros del destino; uno de los pocos objetos mágicos (que se podría decir) que tiene voluntad propia, en cuyas páginas se encuentra mucho conocimiento de historia y filosofía, registrado desde el inicio de los tiempos.

La ceremonia tuvo lugar en la plaza de los reyes que está ubicada en lo más alto de la ciudad Ascool. Esta ceremonia se hace a la vista de todo el pueblo o al menos de los que consiguen un lugar, y fue celebrada de la siguiente manera: los dos hermanos marcharon sobre el camino de piedras de ónix negro, uno al lado hasta pararse frente al libro que se encontraba flotando a un lado del mago Nervi, el cual en esa ocasión fue el encargado de dirigir la ceremonia. Como era tradición, ambos comenzaron a recitar el juramento colocando su mano en el libro del destino, juraron cumplir con la misión que vendría, aun sin conocer cual seria. Juraron por su honor, por sus antepasados, juraron luchar hasta el último suspiro para lograrlo o morir intentándolo. Juraron que de negarse a cumplir renunciaban a su posición como herederos.

Posterior al juramento Olixer por ser el hermano mayor tomó el libro y escribió su nombre, seguido su hermano hizo lo mismo, y luego entregaron el libro al mago. Después de eso, en la página donde colocaron sus nombres, aparecieron una serie de palabras en color dorado, y un viento fuerte se hizo presente durante unos cortos segundos, entonces el mago procedió a leer. –¡Viaje! –gritó el mago, seguido de gritos de alegría de todos los presentes. El mago esperó unos segundos a que la multitud guardara silencio. –¡Búsqueda! –gritó aún con más fervor, y la multitud se emocionó tanto que el mago tuvo que esperar a que el ruido cesara un poco, entonces gritó lo siguiente: "¡Cuerno de poder!" …–el libro ha hablado –susurró.

Las últimas palabras escritas causaron un silencio de penumbras. Los reyes y los que conforman el consejo se pusieron de pie, impávidos ante lo que habían escuchado. Ambos hermanos se miraron con asombro y temor, sabían lo que significaban esas palabras, y también que no había vuelta atrás. El silencio perduró, hasta que los hermanos asintiendo con sus cabezas se inclinaron frente a la multitud y dijeron con vos temblorosa pero fuerte "por nuestro honor, hasta el final". Al escuchar esto la multitud se quedó aún más admirada y comenzaron los aplausos.

Terminada la ceremonia los reyes se reunieron en privado con sus consejeros, para discutir si aceptar dicha misión o no, pues de negarse a seguir la tradición esto podría traer repercusiones sobre la credibilidad del linaje real y de su capacidad para ser reyes ya que todos los pasados herederos al trono habían aceptado hacer su misión asignada sin importar el resultado final, además se hizo memoria de Xuro,un antepasado de la reina Jodis el cual negándose a efectuar su nashnite trajo graves males a su reino y a su vida.

El Rey Artioris le conto a su esposa que, en el pasado, cuando aún era joven, uno de los dragones que conoció, le aseguro que sus herederos realizarían actos más grandes y memorables que todos sus antepasados. Si lograban esta misión sin duda sobrepasarían cualquier otros nashnite, además, se sabía que el libro solo asignaba aquella misión cuyos nominados podrían cumplir. Esto permitió que la reina respirara un poco de calma y esperanza de que sus hijos podrían salir triunfadores en su misión. Pasado el alboroto, los dos hermanos se presentaron al salón real donde sus padres y maestros les darían los últimos consejos y algún presente que les pudiera ser de ayuda en su viaje, cada uno pasó un par de horas con los hermanos, hablando y opinando sobre cuál sería la mejor opción. Y aunque surgió cierta discrepancia, fue principalmente por la influencia del mago Nervi que se decidió que irían en la búsqueda del cuerno de la ciudad de Drisma. Acordado esto y como ya pasaba del mediodía los reyes entregaron a sus hijos unos presentes que les serían de utilidad en su viaje; a Olixer su madre le entregó la daga "Kolfina" y su maestro le entregó un brazalete de metal negro que contenía cinco cristales (y espacio para otros más). Por su parte, a Luxuri su padre le obsequió un collar de apariencia muy sencilla, que no era más que una cuerda que contenía una piedra de color rojo. Se lo colocó en el cuello y le susurró al oído: "esto te ayudará a ocultarte de los demás magos que quieran hacerte daño". El mago Nervi le entregó una caja en cuyo interior contenía tres varitas mágicas de madera de bambú, un tipo de varita muy utilizada por aprendices de magos que aún no cuentan con su auténtica varita.

Después de la entrega de presentes y un par de consejos y abrazos apresurados, los dos hermanos salieron de la ciudad montando un kelpie rojo y uno de color amarillo. Ambos salieron de la ciudad al son de aplausos y golpeteos de escudos. Luxuri giró su cabeza para ver cómo a sus espaldas se cerraba la enorme y reluciente puerta. Mientras tanto en lo más alto de la ciudad los reyes contemplaban cómo las siluetas de sus hijos desaparecían a medida que avanzaban.

CAPÍTULO 2
Decisiones confusas

Una ligera nevada se hizo presente y como el sol comenzaba a ocultarse decidieron quedarse en las ruinas de la ciudad Kiri-Bert, había muchas personas acampando en ese lugar, en su gran mayoría mercaderes.

Siguiendo las reglas de sobrevivencia que habían aprendido, después de cambiarse de ropa, montaron un improvisado campamento frente a una enorme estatua caída, curiosamente la estatua se encontraba sin brazos, a partir de ese punto ya no había más casas o paredes, solo árboles, la razón de esto se debía a que más de la mitad de la ciudad desapareció durante una de las divisiones mágicas.

Encendieron una fogata y se sentaron frente al fuego sin decir nada durante un largo tiempo.

Sin dudas, nuestro destino es complicado, nunca en la historia algo así había pasado –mencionó suavemente Luxuri mientras en sus ojos se formaban unas lágrimas –nadie está listo para esto –siguió hablando –ni los más grandes guerreros de la historia han podido lograr tal hazaña, ni siquiera un ejército, menos lo van a lograr dos niños…–suspiró –en especial yo… apenas he escuchado una vez la historia de los tres cuernos.

Su hermano no dijo nada, y se mantuvo en silencio mientras miraba la daga que su madre le había obsequiado. Pasado un largo rato, Olixer suspiró y dijo: "no me parece la idea de ir a Drisma, no veo la forma de cómo obtener ese cuerno, si la leyenda que me conto mi mentor y nuestro padre es cierta y el cuerno se encuentra dentro del vientre del dragón... jamás lograremos obtenerlo. En cambio, si buscamos el cuerno en la Ciudad de Plata, quizás tendríamos más oportunidad".

¡No importa lo que decidamos! –irrumpió Luxuri –el final será igual, nadie sabe dónde está la Ciudad de Plata; desapareció hace años, durante las divisiones mágicas, además todos nos sugirieron buscar el cuerno en Drisma.

No todos, yo no estaba de acuerdo –añadió Olixer –ni mi maestro, además tú no opinaste. Pero ahora podemos decidir cuál camino seguir por nuestra cuenta y no por lo que los demás sugirieron, ¿y si decidimos buscar la Ciudad de Plata?

¿Cómo crees que conseguiremos el cuerno o encontraremos esa ciudad? –lo increpó Luxuri –pues el cuerno lo robaremos, no podremos enfrentar cara a cara al guardián, pero podríamos robarlo ideando un buen plan de algún modo –asintió Olixer – Sobre la ubicación de la ciudad, pues podríamos buscar un vidente o algún ser mágico que pueda ayudarnos, fuera de estos muros hay muchos viajeros y mercaderes, es posible que alguien sepa de la ciudad.

Luxuri miró a su hermano y le hizo un gesto para que parara de hablar y comentó: "espera ¿crees que dos niños lograrán robarle al legendario guardián el cuerno? Dime ¿cómo?"

Aún no lo sé –contestó Olixer –podríamos usar nuestras habilidades mágicas.

Luxuri observó hacia las estrellas y comentó con tono decepcionado y al mismo tiempo molesto: "sí, claro, no sé tú, pero apenas hace unos meses comencé a usar esta varita, dudo mucho que pueda conjurar algo que fuese efectivo contra el guardián". Estas palabras hicieron reaccionar al mismo Luxuri el cual con tono de voz cortado y unas lágrimas en sus ojos siguió diciendo más alto y molesto: "al menos tú has aprendido a usar tus cualidades mágicas, yo por más que me esfuerzo apenas sé usar un par de conjuros y sé que llegará un momento en el que tendremos que usar nuestras habilidades al máximo, y no podré hacer mayor cosa.

Mi querido hermano –lo interrumpió Olixer – no eres el único que aún no puede utilizar sus cualidades mágicas, el hecho de que mi maestro me diera este brazalete con cristales, se debe a que aún me es difícil conectar mi espíritu con la naturaleza y los cristales me ayudan a canalizar mi energía y así poder tener una mejor conexión; el azul me ayuda a conectar con el espíritu de los ríos, el verde con el espíritu de los bosques y el amarillo con el espíritu de los vientos –siguió diciendo Olixer – espero que pronto pueda dejar de utilizarlos, quizás en este viaje lo logre. Olixer puso su mano en el hombro de su hermano y le preguntó: ¿y tú qué esperas lograr con este viaje? –Luxuri sacó de entre su camisa la varita de bambú y con una voz ya más positiva dijo:

"espero encontrar mi verdadera varita, se dice que en su primer viaje el mago y su varita se encuentran y ambos son como uno y su espíritu crece y tu poder se aumenta". Eso es lo que espero –susurró Luxuri –aunque siéndote sincero me gustaría aprender más, pero ahora con esto lo veo muy difícil. Olixer nuevamente puso su mano en el hombro de su hermano y señaló con su otra mano diciendo "en aquella dirección se encuentra la ciudad de Gelendo, en el país llamado Retker, mi maestro pensaba llevarme allí a mí y todos sus aprendices al inicio de la primavera. Él mencionó que en ese bosque existen muchas escuelas de magos y varios maestros dispuestos a enseñar y trasmitir sus conocimientos, si vamos a ese lugar podrías encontrar a alguien que te enseñe y así mejorar". Pero eso nos alejaría de Drisma, es la dirección contraria –agregó Luxuri –además me cuesta aprender.

¿Y qué importa eso? –exclamó Olixer con tono de seguridad –tenemos mucho tiempo para realizar esta misión, además si aprendes, tendríamos más posibilidades de lograrlo. No sé ¿qué opinas de esto?

Luxuri se puso en pie, secó las lágrimas de sus ojos, se llenó del positivismo de su hermano y dijo: "¡vamos a Gelendo! Siempre admiré a los magos y el destino puso en mí ser uno, sé que puedo lograrlo y así un día tendré el poder para ser un gran rey". Al escuchar a su hermano con una voz tan segura Olixer le dio un fuerte abrazo y le dijo: "además, creo que ahí podría encontrar a alguien que nos dé una idea de donde puede estar la ciudad perdida". Ante esto su hermano gestó un rostro de interrogante, Olixer lo notó y enseguida respondió:

"los nix van y vienen con el viento sobre toda la tierra y escuché que durante la primavera visitan esa ciudad, quizás logremos hablar con ellos y podría ser posible que alguno de estos en sus tantos viajes por la tierra hayan escuchado o visto algo referente a la Ciudad de Plata ¡Está decidido! –expresó Luxuri –y su hermano le estrechó la mano como haciendo un trato –mañana a primera hora saldremos con rumbo a Gelendo.

Por cierto, me alegra mucho verte otra vez –le dijo Olixer con un tono de voz empático – pasó casi un año desde que te fuiste a entrenar a Breyer.

Yo también te he extrañado –agregó Luxuri –dime mi querido hermano.... Más bien ¿puedes mostrarme qué es los que has aprendido? Aparte de saber encender fuego.

Luxuri se sonrió y dijo: "se podría decir que he aprendido algunas cuantas cosas que son de utilidad". Pero ¿qué cosas? – cuestionó Olixer con impaciencia –¿Sabes combatir? Luxuri se sonrió, asintió con su cabeza. –Un poco, pero no lo aprendí por parte de mi maestro –agregó un largo suspiro y prosiguió –me hice de un amigo que está más avanzado que yo y que es muy talentoso, con él aprendí a lanzar unos ataques –¿Me los puedes mostrar? –interrumpió muy animado Olixer. –Sí, pero no en este momento, hay muchas personas –respondió Luxuri, y dijo: "¿y tú qué has aprendido?"

Mejoré todas mis cualidades –respondió Olixer con gran ánimo –aprendí a trasladarme en distancias cortas. ¡Increíble! –expresó Luxuri y se quedó con la boca abierta –tengo que ver eso.

Lo siento hermano, hay muchas personas y nos pueden ver –respondió Olixer–.

Ambos soltaron una carcajada. Luego de una breve pausa Luxuri agregó: "¿me muestras tu marca real?" Y enseguida con gran entusiasmo Olixer levantó su camisa y mostró su marca real, era un dragón dibujado entre su pecho y hombro izquierdo. Luego de ver la marca de su hermano Olixer le pidió de igual manera que le mostrara la suya, entonces Luxuri recogió la manga de su camisa y le mostró su antebrazo derecho; en estos estaban la cabeza y las crestas de una criatura llamada "pezuñas de plata". ¿Te dolió? –preguntó Olixer–. Un poco –contestó Luxuri –¿Y a ti? "¡El mayor dolor de mi vida!" –expresó Olixer –luego ambos mantuvieron silencio durante un largo tiempo hasta que Olixer dijo: "¿crees que nuestra madre tuvo miedo cuando fue a cazar el Arsaxum?". Ambos se miraron y gesticularon un rostro que decía "por supuesto que no". No hay nenfis más valiente que ella –comentó Luxuri – ¿Y nuestro padre crees que tuvo miedo cuando logró robar un huevo de dragón? Lo de nuestro padre más que valor fue inteligencia, supo en qué momento robarlo –le contestó Olixer –de hecho, eso es lo que haremos, es lo que más probabilidades nos dará para lograr con éxito nuestra misión.

Los dos pasaron gran parte de la noche contemplando las estrellas y charlando sobre todo lo que habían hecho durante esos meses en los que estuvieron separados. Transcurridas las horas entre charla y charla Olixer se durmió, pero Luxuri no, pues estaba pensado tantas cosas que no pudo conciliar el sueño. Pensaba en su madre y en su padre, pensaba en su viaje y de que por más que quisiera no estaba listo para tal trabajo, tenía miedo de fracasar y quedar mal frente a su hermano... de no regresar. Por un momento se hizo fuerte pero no pudo evitar que nuevamente le brotaran lágrimas. Durante un momento pensó "¿y si simplemente huimos hacia el sur y jamás regresamos?" Pero asimismo pensó que, si eso pasara, jamás volvería a ver a sus padres y peor aún, quedaría como un cobarde, se puso en pie y volteó la mirada hacia su hermano, el cual dormía profundamente, alzó su vista hacia el cielo para contemplar las estrellas, y notó que dos zhar cruzaban el cielo justo sobre las ruinas. Eso agregó a su mente algo más que pensar ya que este tipo de ave presagia o buena suerte o mala suerte. Luego de eso escuchó un ruido muy extraño que no había escuchado nunca, y como le inquietó tanto, comenzó a caminar en busca del origen de ese ruido, para saber qué cosa o persona lo emitía. Caminó entre las ruinas y entre los demás campamentos que había, hasta que llegó a una parte muy oscura, y notó que suspendido en el aire había un círculo de color morado. Luxuri de inmediato supo que se trataba de un portal mágico y que esa era la fuente del sonido. El portal se hizo más grande, lo suficiente como para que una persona pudiese pasar. A Luxuri le dio aún más curiosidad, pero decidió comenzar a alejarse, justo en ese momento salieron del portal cinco personajes, que debido a la oscuridad no podía notar de que raza eran, pero estaba seguro de que al menos uno de ellos tenía que ser un mago; todos portaban túnicas con capucha y llevaban armas en sus manos.

Uno de ellos comenzó a darles indicaciones a los demás, les susurraba muy suave, pero Luxuri logró escuchar "recuerden que son dos pequeños nenfis, visten ropas finas, uno es mago y porta una varita de bambú verde". Luxuri se llenó de temor, pues por las palabras de aquella persona, sabía que se trataba de él y su hermano, comenzó a caminar hasta que logró llegar a uno de los campamentos donde había un grupo de unas diez dríades y nenfis danzando. Como prácticamente tenía a esos sujetos pateándole los talones, pasó muy deprisa entremedio de las dríades, pasó tan de prisa que la varita de bambú que llevaba en su bolsillo se cayó justo donde danzaban, derribó unas jarras con agua, pero pasó de largo sin detenerse, solamente susurró un leve "lo siento". Y estaba ya cerca de su campamento cuando una fuerte mano lo tomó y lo detuvo; era uno de los sujetos encapuchados, este colocó una daga en su cuello y lo miró muy fijamente, pero no mencionó palabra alguna, con su otra mano comenzó a registrar a Luxuri, quien se mantuvo inmóvil por el miedo. El sujeto no logró encontrarle nada más que unas monedas, entonces le levantó su camisa hasta la altura de su pecho, luego le levantó la manga de su camisa, posteriormente comenzó a abrirle los ojos; al parecer quería ver de qué color eran, por fortuna, debido a la oscuridad y al encantamiento protector que tenía el collar que su padre le obsequió, este no pudo notar el color gris en los ojos del jovencito y ni nada con que pudiera identificarlo. Pensando que no era a quien buscaba lo empujó con fuerza y comentó: "tienes suerte, no eres a quien busco". Entonces se escuchó a uno de sus acompañantes llamándolo y se marchó.

Luxuri aún se encontraba muy asustado, sus piernas le temblaban y aunque sentía que caminaba sobre lodo siguió hasta que llegó a su campamento junto a su hermano, que yacía dormido. Entonces comenzó a sacudirlo con fuerza hasta que logró despertarlo, y mientras tanto se escuchó lo que parecía ser una discusión que se tornaba cada vez más acalorada. Antes que su hermano le preguntara por qué lo despertaba tan abruptamente, Luxuri le comentó en voz baja que unos sujetos extraños los estaban buscando. Olixer no acababa de asimilar las palabras de su hermano, ya fuese porque estaba somnoliento o porque a su hermano le costaba hablar por el miedo que tenía. Fue en ese momento que ambos observaron cómo dos bolas de energía de color amarillo pasaban de largo cerca de ellos hasta impactar con unos árboles; en el lugar donde se escuchaba la discusión había comenzado una pelea, resulta que los encapuchados en su búsqueda se habían topado con un grupo de nenfis comerciantes he intentaron llevarse a un jovencito que estaba con ellos, a razón de esto el grupo de comerciantes inició una discusión con los encapuchados hasta que estos tomaron las armas y comenzaron a pelear. Entre el grupo de comerciantes había varios magos que se unieron a la pelea, al escuchar el golpeteo de espadas y de hechizos todos los demás campamentos tomaron las armas y se unieron a la pelea, los encapuchados al ver que no tenían oportunidad de ganar y que su plan se había frustrado desistieron e iniciaron la retirada; dos de estos lograron escapar por medio de un portal mágico, otros dos habían muerto (uno de estos era con el que Luxuri se había topado), y uno más fue herido y capturado.

Luego de ver cómo todos los comerciantes arremetieron contra estos bandidos, ambos hermanos ya no huyeron, pues sabían que era mejor estar entre la multitud. Pasado un rato, ambos se acercaron dónde estaban interrogando al único sujeto que habían capturado. Luxuri notó que era un mago. El padre del muchacho que querían llevarse le había quitado la varita y le había amordazado la boca. Una dríade que estaba ahí le sugirió a Luxuri que sería mejor que acamparan con ellos, pues podría ser que esos bandidos decidieran regresar y es mejor estar en grupo, acompañados, al menos por esa noche. Ambos aceptaron, reunieron sus pertenencias y se quedaron a acampar con el grupo. Luxuri entró a la tienda de las dríades a petición de una de ellas, pero Olixer se quedó frente a la fogata, cerca del mago. Alrededor del fuego estaban ubicados varios nenfis, uno de ellos comenzó a hablar con Olixer y le preguntó por qué viajaba solo, a lo que este respondió que no viajaba solo, sino que con su hermano y que estaba en su nashnite.

¿Nashnite? –comentó mientras le daba un vaso con jugo a Olixer –mi hijo hizo su primera misión hace unos meses, tuvo la tarea de elaborar un brazalete negro, ¿y a ti qué te toco hacer?

A mi hermano y a mí nos tocó ir en busca de un sortilegio –comentó Olixer en voz muy alta–. Y este comentario hizo que el mago que estaba atado pusiera atención a la plática de estos dos. Olixer sin que nadie le preguntara o le pidiera detalles siguió hablando: "iremos al este, pasando Ulinao, los Bosques Rojos hasta por fin llegar a Drisma". El nenfis al que Olixer le dijo esto no le tomó mayor importancia, pero sí el mago que estaba atado; a partir de que Olixer dijo eso, no dejaba de mirarlo. Luxuri salió de la tienda y le hizo un gesto a su hermano para que entrara, y este rápidamente se puso de pie y entró. En la tienda había cuatro dríades, una de ellas estaba frente a una mesa junto con su hermano, esta le enseñaba a Luxuri un mapa en el cual se encontraban las mejores rutas a tomar si te dirigías a la ciudad de Gelendo. Luego de explicarles las rutas, Olixer les compró el mapa.

Al amanecer, la mayoría de los comerciantes comenzaron a levantar sus tiendas, a apagar las fogatas y prepararse para salir; unos para vender sus cosas en Ascool y otros para regresar a sus lugares de origen. Los dos hermanos recogieron sus cosas y tomaron sus kelpies. Comenzaron a cabalgar hacia el este, pero de pronto, escucharon un murmullo; el mago que estaba atado era un skynwalker (mago que se convierte en algún animal), así que se convirtió en un ave y logró huir a pesar de los incontables hechizos que le lanzaron para derribarlo. El mago pasó volando justo sobre ellos y luego tomo dirección al norte.

Cuando vieron que el ave se había perdido entre las nubes, los hermanos cambiaron de rumbo y se unieron a una caravana de vendedores que viajaban hacia el oeste. Olixer esperaba que su plan pudiera funcionar, sabía que, si esos sujetos los buscaban, volverían a toparse con ellos, así que tuvo la idea de hacerles creer que se dirigían hacia el este, cuándo realmente su intención era lo contrario. Siguieron a una caravana de comerciantes que se dirigía hacia un pueblo llamado Mekare, el cual pertenecía al pequeño país de Retker, para después tomar el camino hacia Gelendo.

Cabalgaron durante unos cuatro días hasta que llegaron al pueblo Mekare, estuvieron ahí un día y luego siguieron hasta llegar a Gelendo.

La ciudad no tenía puerta principal, pero contaba con una protección natural, estaba rodeada por grandes riscos de roca caliza que servían como muro perimetral

La ciudad era muy bella. De entre los altos riscos descendían cuatro cascadas; tres al lado derecho y una al lado izquierdo. Sobre un costado de la ciudad cruzaba un río de aguas cristalinas que desemboca en un pequeño cuerpo de agua, parecido a un lago. A un lado sobre uno de los riscos flotaba un pequeño castillo edificado sobre un enorme témpano de roca. Todas sus calles estaban hechas de piedra de laja amarilla.

La ciudad estaba muy concurrida y habitada por muchas razas diferentes de ninfas y dríades, gromis, también algunos nenfis y sobre todo magos; era la típica ciudad comerciante. Les hacía recordar a los primeros dos niveles de Ascool. Adentrados a la ciudad encontraron un lugar donde quedarse y poder descansar de su viaje.

Luxuri saltó a la cama de su hermano y le dijo: “bien, ahora ya estamos en un lugar seguro, ¡dime ya! ¿En qué consiste tu plan para poder robar el cuerno?", mientras colocaba sus manos en los hombros y se sacudía frenéticamente.

Mi plan es engañar al guardián, pero para eso necesitamos muchas cosas –respondió Olixer – necesitamos un gólem y varios de esos portales que mencionaste que esos magos usaron... Y suerte, necesitaremos mucha suerte.

Si quieres puedes pedir un dragón –bromeó Luxuri –¡un gólem! Nunca he visto uno, además ese tipo de magia no cualquiera puede usarla y sobre los portales, pues, sé que solo magos muy experimentados pueden hacerlo y también sé que debes haber estado en el lugar de entrada y salida del portal. Olixer lo miró fijamente sin decir nada, mientras tanto se levantó de la cama y se dispuso a vestirse. Tenemos que buscar a alguien que te enseñe a usar portales y a combatir –dijo –he escuchado que en esta ciudad existen varias escuelas para magos y también que les gusta combatir, así que, ¿qué mejor lugar que este? Solo tenemos que buscar y esperar. Vamos a comer y luego iremos a las tiendas, ayer que entramos a la ciudad vi una que decía "pociones y algo más". Puede ser que su dueño sea un mago.

Al salir del lugar donde estaban hospedados, vieron que la calle estaba llena de personas comprando y vendiendo. A las orillas del embalse había un pequeño puerto, que se encontraba abarrotado de toda clase de seres mágicos que cruzaban de un lado a otro en sus pequeñas barcas y otros cruzaban mediante sus cualidades mágicas. Al pasar la aglomeración de personas llegaron a una parte del mercado que estaba menos concurrida, ahí se encontraba una casa muy alta, hecha de madera, con grandes ventanas, cuya forma era la de un enorme frasco de poción; de su chimenea salía humo de diferentes colores, en el marco de la puerta había un letrero que decía "pociones y algo más", justo cuando ellos llegaban un gromi muy bien vestido cambió el letrero de cerrado a abierto.

Al pasar la puerta Olixer no paraba de ver por todas partes, las paredes estaban abarrotadas de estantes llenos de frascos de diferentes tamaños y formas y de todos los colores que se pudiesen imaginar, Luxuri ya había visto otras tiendas de pociones, pero como esta nunca.

Como vieron que ambos chicos no salían de su asombro un gromi que trabajaba ahí llegó donde ellos y dijo amablemente: "saludos jovencitos, bienvenidos a 'pociones y algo más', por su asombro veo que es primera vez que nos visitan, díganme ¿qué tipo de pociones buscan?". No buscamos pociones –le contestó Luxuri –buscamos al mago que las crea. El gromi se extrañó por la respuesta y dijo que los señores magos no reciben a nadie, a menos que tengan una cita previa. Quiero una cita –lo interrumpió Luxuri –. Entonces el gromi se fue a hablar con otros gromis que se encontraban en la tienda, luego llegó donde ellos junto a un mago que vestía un delantal en el que le colgaban como gajos de uvas unos diez frascos de pociones y les dijo: "no hay citas disponibles hasta el verano". Con esta respuesta, ambos hermanos se miraron con asombro ya que para eso faltaban muchos meses. Y como los hermanos ya no dijeron nada, el gromi y el mago los dejaron y se fueron a atender a otros clientes que ya habían entrado.

Al ver que el lugar se estaba llenando decidieron salir y seguir caminando con la idea de encontrar otro lugar similar. Justo unas tiendas después se encontraba una casa que parecía estar torcida hacia la derecha y sobre la puerta había un árbol en forma de pino que tenía un letrero que decía "artilugios el tuerto" y ambos decidieron entrar. El lugar no estaba tan lleno como los otros. Pero por dentro era muy similar al de las pociones, solamente que, en lugar de tener estantes llenos de pociones, estos estaban llenos de objetos mágicos. En esta ocasión ambos se quedaron admirados ya que ninguno había visto una tienda así, había todo tipo de artefactos: bolas de cristal, amuletos de la suerte, plumas y pergaminos mágicos, escobas, trapeadores y martillos encantados, velas de silencio, piedras susurrantes, estatuillas cuida jardín,

Como ya tenían un largo rato de haber entrado a la tienda y al ver que aquel par de niños no compraban nada y husmeaban por todas partes, alguien se les acercó y les preguntó que qué era lo que buscaban. Entonces Olixer contestó: "buscamos dos cosas: un gólem y algo que sirva para ocultarse". Sobre el gólem, he de decir que solo tenemos uno –dijo el vendedor sonriendo sarcásticamente y tomó lo que parecía un muñeco de metal como de medio metro de altura, con una mezcla de colores rojo y gris, el cual descansaba en un rincón lleno de polvo y telas de araña. Lo colocó en el suelo frente a ellos y ambos hermanos se entrelazaron miradas, pues nunca habían visto en persona un gólem, no esperaban que fuera tan pequeño.

Creí que eran más grandes –expresó Luxuri con tono decepcionado–. A este tipo de gólem se les llama omegas o de estirpe –intentó aclarar el vendedor –. Pero como ambos hermanos parecía que no le comprendieron prosiguió a explicarles: "significa que tú lo tienes que criar".

¿Cuánto tarda en crecer? –Preguntaron ambos–.

Eso depende de ustedes –les contestó el vendedor –pueden dejarlo crecer y con el paso del tiempo en unos diez años llegará a medir unos tres metros de altura y será tan fuerte como un ogro o pueden darle pociones para que crezca más rápido y hacerlo más fuerte. De ustedes depende.

¿Cuánto cuesta? –preguntó Luxuri –.

Cuesta cien reblis de oro –comentó el vendedor tajantemente tratando de quitarle el deseo de comprar a los chicos. Pero este no esperaba que Luxuri sacara un pequeño saco de monedas, contenía la cantidad antes mencionada y le pagó al vendedor. Este abrió la bolsa y se quedó impresionado, llegó a pensar que quizás los chicos le estaban haciendo una broma. Pero al corroborar que no había ningún truco, pensó en reusarse a venderlo, pero uno de ellos ya hasta lo tenía entre sus brazos. Entonces este desganchó de su delantal un plumero y una franela mágica, los dos objetos comenzaron a limpiar la gruesa capa de polvo y telas de araña que el gólem tenía. Mientras los artilugios limpiaban al gólem el vendedor entró a una habitación durante unos segundos y luego regresó con una bolsa. Ambos chicos vieron que la coraza del gólem poseía unos orificios en sus hombros, pensaron que quizás era un defecto o que estaba dañado, pero el vendedor les aclaró que esos orificios eran para colocar cristales que mejorarían el desempeño del gólem. Además, les entregó una poción de gólem y dos pergaminos; uno conteniendo las instrucciones de cómo criar al gólem y el otro con el encantamiento necesario para darle vida.

Tienen que pensarlo muy bien, una vez hagan el encantamiento el gólem les pertenecerá y ya no podrán devolverlo o venderlo ya que no puede cambiar de dueño a menos que este muera –dijo con seriedad el vendedor –tienen que recitar el encantamiento, hacerlo en un lugar abierto y pensarlo detenidamente, los gólem omega son los más complicados, la mayoría son echados a perder.

Toda esta conversación llamó la atención de dos sujetos que estaban dentro de la tienda, ambos eran altos, llevaban ropas de color negro, y portaban anillos en todos los dedos de sus manos (incluso en el dedo gordo); muchos collares y varios brazaletes, daban la impresión de ser magos. Uno de ellos le pidió al vendedor un gólem, pero este contestó que ya no habían más, ante lo que estos se molestaron y reclamaron al vendedor que por qué razón no les habían mencionado antes sobre ese tipo de artilugios. El vendedor se enojó y los señalo con su mano derecha, en la punta de su dedo índice se formó una llama de fuego como la de una vela. A mí no me dirás qué hacer "mago" – dijo en tono sarcástico – no me importa si eres de mis mejores clientes.

Vamos a calmarnos –añadió uno de ellos –entonces se acercó a los dos y les dijo: "te doy ciento diez reblis por tu muñeco". Lo siento señor –contestó Luxuri –no está a la venta. ¡Ciento cincuenta reblis! – añadió –. No está en venta – repitió Luxuri–. Luego su hermano lo tomó del hombro y le hizo un gesto para que salieran del lugar. Ambos salieron de la tienda, mientras los otro tres se quedaron dentro.

Al salir observaron con más detenimiento al gólem, libre de polvo y telaraña daba un aspecto esplendoroso.

Los dos sujetos que estaban dentro salieron cargando unos cofres, que por la dificultad que mostraban al cargarlos parecían muy pesados. Estos vieron a los dos chicos, en un momento pensaron que saldrían corriendo de la tienda, pero estos aún estaban ahí, revisando de pies a cabeza al gólem. Colocaron sus grandes cofres sobre una carreta encantada y trataron de golpearlos a espaldas, pero cuando se disponían a hacerlo un grupo de jóvenes y unos cuantos niños pasaron frente a ellos; todos en fila vestidos con la misma ropa, sombreros y con largos bastones. Todos siguiendo a un señor que iba delante de ellos a paso apresurado. Al ver a este grupo, ambos hombres se detuvieron y no prosiguieron con su idea. Los dos hermanos ni siquiera se percataron de lo que estos dos sujetos tramaban.

CAPÍTULO 3
La primera batalla

Ambos hermanos se fueron detrás del señor que iba adelante del grupo, de quien por su aspecto y vestimenta concluyeron que se trataba de un mago. Lo siguieron hasta llegar a la plaza central de la ciudad, donde ambos se sentaron a descansar, pues cargaban el gólem el cual era muy pesado y así también podrían hacer tiempo para que el mago se desocupara. Luego de un rato el mago quedó solo, ya que sus seguidores se dispersaron por todas partes.

Al ver la oportunidad Luxuri se acercó al mago y se decidió a saludarlo. Por su parte, el mago le correspondió el saludo, pero no con la misma amabilidad. ¿Deseas algo? –le preguntó vagamente–. Disculpe, mi nombre es Luxuri –dijo el niño de manera amable – soy un aprendiz de mago y me gustaría saber si puedo agregarme a su grupo.

Luxuri esperaba que el mago le dijera su nombre, pero este se limitó a preguntarle a qué orden pertenecía. La orden Efil –contestó apresuradamente el muchacho–. Como puedes ver –dijo el mago mientras alzaba su callado – yo pertenezco a la orden Nefil y todos mis aprendices son de la misma orden, así que no puedo enseñarte.

¿Sabe de alguien que sea de la orden Efil que pueda enseñarme? –cuestionó Luxuri–. En esta ciudad hay muchos maestros, pero de tu orden solo hay tres –contestó mientras señalaba –¿ves aquellas tres cascadas? Cerca de cada cascada hay una escuela; dos de esas escuelas son de la orden Efil. Y por allá – dijo –mientras señalaba otra dirección. Hay una "maestra" de la orden Manibús, ella toma por alumno a cualquiera, sin importar su orden, con ella es seguro que podrás estar de aprendiz, pero no aprenderás nada –dijo mientras se sonreía–.

Luxuri se retiró dándole las gracias y fue adonde estaba sentado su hermano y le contó lo que el mago le había dicho. Ambos se dispusieron a ir hacia donde estaban estas escuelas, fueron de un lado a otro de la ciudad, lograron encontrar todas las escuelas, pero en dos de ellas rechazaron a Luxuri casi de inmediato, alegando que no había espacio para recibir nuevos aprendices, pero en la escuela del mago Valdi aceptaron hacerle una prueba para poder ingresar. Esta escuela poseía un local más grande y lujoso que las demás, estaba ubicada en una cueva atrás de una de las tres cascadas, en esta le ofrecieron hacerle una especie de examen para poder admitirlo. Dicho examen tuvo un costo monetario y consistía en que Luxuri realizaría su mejor hechizo de combate contra una gran roca, y si esta lograba romperse o tener un daño considerable seria aceptado. Lamentablemente Luxuri no pudo hacerle el daño que esperaba, a pesar de que usó "Iskrym", al que consideraba su hechizo más fuerte y cuya apariencia era de una bola de luz color blanca. Al impactar este hechizo genera un fuerte golpe, pero el daño que esta causa dependerá de la energía que el mago le agregue al lanzarlo; puede ser como un puñetazo o como el golpe que genera una roca lanzada desde una catapulta. Como el hechizo no causó un daño que pudiese ser considerado sobresaliente, Luxuri no se llevó más que burlas y el rechazo de parte de los demás aprendices y del maestro mago.

Luxuri se sentía muy decepcionado de sí mismo al punto de desear llorar, pero logró contenerse. Saliendo de ahí fueron al último lugar que les hacía falta. Luxuri ya no quería seguir más, pero por la insistencia de su hermano, aunque no le parecía la idea decidió ir al último sitio, ubicado en el extremo de la ciudad a un lado del riachuelo, justo al borde del risco, en medio de un pequeño bosque, en el lugar donde el mago le había señalado se encontraba la escuela. En este sitio, sobre un enorme círculo de mármol blanco, yacía un grupo pequeño de aprendices, (en su mayoría mujeres). Todos estaban sentados sobre unas bancas de madera, y en medio del círculo se encontraba una maga de apariencia joven, alta, de piel blanca, de un trenzado cabello de color plateado y verde.

Como no querían interrumpir lo que parecía ser una clase, ambos hermanos se quedaron cerca del lugar a esperar que la maga terminara. A Luxuri le pareció muy interesante y atractiva la clase, esperaba con ansias poder hablar con la maga.

Pasado un largo rato y terminada la clase, la mayoría de los aprendices se habían retirado, entonces los dos se acercaron para hablar.

Buenas tardes –saludó Luxuri mientras alzaba su mano, a lo cual la maga contesto el saludo dándole la mano a ambos–. En esta ocasión ambos se presentaron, el nombre de la maga era Irina. ¿Qué desean? –les preguntó muy seria después de darles la mano–.

Soy un aprendiz de mago –dijo Luxuri – y he escuchado que usted tiene una escuela en la cual acepta aprendices de la orden Efil y me gustaría poder integrarme y así aprender de usted. Mientras Luxuri hablaba, la maga notó que Olixer llevaba en su espalda colgado lo que parecía ser un juguete de metal y pensó que quizás se trataba de una broma.

Dime ¿ya has visitado otras escuelas? –le preguntó la maga–.

Sí –contestó Luxuri –pero ninguna me ha aceptado.

¿Entonces yo soy tu última opción? –increpó Irina en una forma molesta–.

Luxuri no dijo nada durante unos segundos y luego a manera de ruego dijo: "deseo aprender, por favor enséñeme, no pretendía ofenderla con mi respuesta". Lo siento niño, no me gusta ser la parte que sobra, y por ahora debo de preparar mis aprendices para el festival. No importa la paga –respondió la maga–.

Por favor, acépteme –rogó Luxuri–. Pero la maga les dio la espalda y se fue donde estaban un hombre y una mujer que al parecer eran magos. Luxuri se quedó sin palabras, luego comenzó a caminar con la cabeza agachada y un rostro inexpresivo. Olixer intentó hablar con él, pero Luxuri pasó de largo y se fue caminando hacia unos árboles. Olixer se quedó en ese lugar, abrumado, pues no podía creer lo que acababa de presenciar, habían pasado todo el día buscando un maestro, ni siquiera habían almorzado, estaba cansado de cargar el gólem y ahora la última persona que podía aceptarlo, lo había rechazado.

Pasado un largo rato fue atrás de los árboles donde estaba su hermano, este se encontraba sentado llorando. Lo abrazó y comenzó a darle palabras de ánimo. Cuando Luxuri dejó de llorar, Olixer le recordó que tenían despertar al gólem. El hecho de poder reanimar al gólem hizo que la tristeza menguara. Sacaron los pergaminos que tenían las instrucciones del encantamiento y comenzaron a leerlo más detenidamente. Al haber terminado de leer todas las instrucciones y habiendo comprendido que una vez comenzado el encantamiento no había vuelta atrás, se dispusieron a realizarlo.

El encantamiento de reanimación era simple, bastaba recitar unas palabras y luego derramar sobre la cabeza del gólem la poción y decir dos nombres, el primer nombre que había que mencionar era el nombre que se le daría al gólem y el segundo nombre era de la persona a quien el gólem sería leal. Luxuri sugirió que fuera Olixer el amo del gólem ya que solo él sabía de qué forma lo utilizaría.

Cuando recién terminaba de recitar las palabras y estaba a punto de derramar la poción sobre el gólem una fuerte voz les gritó: "¡alto!". Ambos prestaron atención al lugar de dónde provenía la voz que les era familiar; eran los dos hombres que se habían encontrado temprano en la tienda de sortilegios. Al parecer ambos los habían seguido todo el día esperando el momento en el que estuviesen solos para poder robarles el gólem.

¡No derrames la poción! –gritó uno de ellos –¡Queremos ese gólem! ¡Entréguenlo o aténganse a las consecuencias!

Luxuri sacó la varita de bambú que llevaba y los apuntó. Como aún tenía una mezcla de sentimientos entre enojado y triste les dijo de una manera muy tajante: "¡Ustedes ni siquiera son magos! ¡No son más que unos ilusionistas! ¡Echarían a perder a este gólem! Además: es nuestro".

Uno de los hombres le lanzó un rayo de energía que golpeó en suelo justo enfrente de Luxuri.

¡Última advertencia! –gritó –. Y los hermanos se miraron entre sí. Los dos ilusionistas hablaban en serio, pero no podían entregarles el gólem. El mago les había sido claro: era el último. Olixer derramó la poción sobre el gólem y mencionó dos palabras, luego se colocó delante de él para cubrirlo. Los ilusionistas gritaron de enojo.

¡Tendremos que matarlos para que ese gólem sea nuestro! –dijo uno mientras se acercaban aún más y uno de ellos comenzó a lanzarles lo que precian rayos de energía como los de una tormenta–. El otro ilusionista comenzó a hurgar dentro de uno de los cofres que llevaba. Ambos hermanos se defendían de los rayos. Luxuri le lanzaba cada vez que podía su hechizo *iskrym* mientras se protegía en un árbol. En otro extremo Olixer había creado la típica protección mágica de los nenfis que consiste en formar en su brazo un escudo hecho de magia, pero aparte de ese escudo Olixer había creado una especie de media burbuja que cubría toda la parte delantera de su cuerpo, Olixer intentó refugiarse en un árbol, pero el ilusionista no dejaba que este se pudiese mover, los dos hermanos no lograban comprender cómo es que alguien pudiese lanzar tantos hechizos al mismo tiempo. El ilusionista utilizaba una de sus manos para atacar a Olixer y otra para atacar a Luxuri, pero esto era porque llevaba dos anillos en cada dedo y un brazalete en cada mano del cual salían los hechizos ya que cada uno era un artefacto mágico. Uno de estos rayos empujó muy fuerte a Luxuri haciéndolo caer de espaldas, luego el ilusionista enfocó todo su ataque en contra de Olixer. Uno tras otro, tras otro los rayos impactaban sobre el escudo, y era tanta la fuerza y la constancia de los ataques que Olixer colocó una de sus rodillas en el suelo para poder apoyarse y resistir. Poco a poco el escudo y la media burbuja protectora se fueron agrietando a pesar del exhaustivo esfuerzo que el chico hacía para mantenerlos. De pronto notó cómo un frasco de color negro con una mecha encendida rodó justo hasta al frente de su rodilla, fue entonces que se escuchó una gran explosión.

En ese momento Luxuri estaba de pie a unos diez metros de su hermano, vio la explosión y cómo el cuerpo de su hermano salió volando varios metros en el aire, para luego caer con fuerza en el suelo. La explosión fue tan fuerte que los tres fueron derribados, pero en cuanto pudo se acercó hasta donde estaba su hermano, el cual se encontraba mal herido. Notó que este no se movía ni respiraba. Sin mediar palabra el ilusionista siguió lanzándole rayos, apoyado por un colega. Luxuri se puso en pie, colérico y con unas lágrimas en sus ojos por el estado en que se encontraba su hermano (quien pensó que había muerto), agitó su varita de bambú y lanzó su hechizo iskrym, pero esta vez lo lanzó con tanta energía que su varita explotó en su mano y lo empujó varios metros hacia atrás. Pero a pesar de que el hechizo le explotó haciéndole añicos la vara de bambú, parte del hechizo logró impactar en el suelo, justo en medio de los dos hombres. El impacto los dispersó varios metros. Luxuri se encontraba en suelo, aturdido, su cabeza le daba vueltas, sentía un terrible dolor en todo su cuerpo, pero principalmente en su mano, no tenía fuerzas para ponerse en pie.

¡Mírame! Niño "mago" –le gritó el ilusionista, quien a pesar de estar muy golpeado ya estaba en pie a escasos metros de él –¡Que patético mago eres, acabas de perder contra un ilusionista! Tu hermano ya murió y ahora sigues tú–.

Para ese momento el ilusionista estaba justo arriba de Luxuri y le lanzó un fuerte rayo, el chico logró alzar su mano derecha y mantener una pequeña barrera de energía similar a la que su hermano había creado, esta barrera invisible impedía que los rayos lo impactaran, pero los ataques eran tan constantes que la barrera se quebró como un cristal, justo cuando el ilusionista estaba a punto de lanzarle un rayo definitivo, un fuerte hechizo impactó contra él, lanzándolo con gran fuerza. Luxuri giró su cabeza y vio cómo la maga Irina se alzó contra los dos ilusionistas, ambos al ver que la maga y otros más se unían al ataque se dieron a la fuga.

Olixer despertó, observó que se encontraba en una habitación que no conocía, y se sentía confundido, débil y con un enorme dolor de cabeza. De pronto, llegaron a su memoria los recuerdos de lo que había pasado, se preocupó por su hermano, por un momento se agitó e intentó ponerse de pie, pero no pudo, ya que al intentar moverse sintió un dolor muy fuerte en su rodilla derecha y en su pecho. Notó que estaba abrigado por una manta que parecía una hoja, y al verla se dio cuenta que era un manto mágico de curación, intentó levantarse nuevamente pero cada vez que trataba el dolor se agudizaba. Como no pudo ni sentarse, comenzó a observar por todos lados, la habitación era totalmente hecha de madera y estaba meticulosamente ordenada. Vio que en una mesa de la habitación estaba su mochila y el gólem de pie a un lado de un estante. En ese momento entró una mujer, era una dríade de piel blanca con un tono verduzco, su cabello tenía un color verde adornado con hojas y flores, y sus ojos eran oscuros. Esta le pidió que se recostara, y le aseguró que su hermano se encontraba bien, que era mejor que reposara, y que ya se encontraban seguros y en buenas manos. Olixer quiso hablar, pero se sentía muy mareado y débil, entonces no gesticuló palabra alguna y se recostó, la dríade notó que se le había formado una lagrima en sus ojos. Mañana ya podrás ponerte en pie –le dijo y lo abrigó nuevamente–.

Cerca del mediodía del siguiente día, Olixer se despertó, ya se sentía mucho mejor, pudo ponerse en pie, sin embargo, aún sentía un dolor un poco fuerte y cojeaba de su rodilla derecha. Se acercó a un espejo que había en el lugar y observó su reflejo de manera detenida, le causó intriga tener una cicatriz extraña como una mancha de tono rosado muy grande en todo el pecho y una cicatriz en forma de ele a un lado de su cabeza, justo arriba de su oreja también lo que parecían ser unos arañazos en su pómulo, mejilla y ceja derecha. Entonces recordó la explosión, el recuerdo le hizo comprobar que de ahí le habían surgido esas nuevas cicatrices. En su brazo aún portaba el brazalete que su maestro le regaló, aunque estaba muy deteriorado y todos los cristales se habían roto. De pronto, notó que la marca real que llevaba en su pecho no se lograba ver debido a las quemaduras que la explosión le causo, y si bien ya estaba cicatrizadas no se lograban percibir rastros de su marca real. Entonces vio en el espejo que el azul de sus ojos había desaparecido y se notaba un color negro, sabía que la razón del cambio de color de sus ojos se debía a que la magia de su espíritu estaba débil. Escuchó algo cercano a unos pasos fuertes y rápidos que subían por lo que parecía una escalera. Por un momento se preocupó al no saber quién era el que se aproximaba, pero al abrirse la puerta su hermano apareció. Ambos se abrazaron, (no fuerte pues Olixer aún sentía dolor)

¡Sabía que te pondrías bien! –le dijo mientras le entregaba una camisa de mangas largas de color negro–. Olixer se sentía aún mareado y confundido. Estaba feliz de ver a su hermano, pero al mismo tiempo se preguntaba cómo es que estaban en ese lugar. Y tú ¿cómo estás? –le preguntó –.

Yo me encuentro bien –le decía mientras le ayudaba a ponerse la camisa –estuve herido, tenía roto todos los huesos de mi mano izquierda y mis dedos y mi brazo, pero la maga Irina me ayudó a curarme y ya estoy bien. Su hermano le pidió que bajaran, que tenía que presentarle a alguien, Olixer lo siguió, y al bajar, vio una sala muy grande y hermosa; había unos sillones en forma de tronco frente al fuego de una chimenea, y en el lugar se encontraban cinco personas, una dríade, un nenfis, la maga Irina y otros dos magos de apariencia mayor.

Olixer se acercó a Irina y le dio las gracias. No tienes que agradecerme a mí –le dijo Irina –yo curé a tu hermano, pero a ti te curó Edran (quien era uno de los magos que se encontraba ahí). Olixer les agradeció y después de estrecharles las manos se sentó

¡Vaya que tienen suerte de estar con vida! –comentó Irina –Aunque eran unos ilusionistas, llevaban encima tantos artefactos mágicos, que hubieran podido enfrentarse incluso a un mago experimentado. Pelearon muy bien, a pesar de ser tan pequeños. La verdad ese frasco explosivo fue muy fuerte, hubiera matado a cualquiera, pero lograste sobrevivir.

¿De dónde son? –preguntó la dríade–.

Somos de Breyer –contestó Olixer–.

Perdón por no presentarme, mi nombre es Fyorda –dijo y les dio la mano a ambos–. Luego les preguntó que cuál era su objetivo en esa zona, que si iban al festival. Ante esto, ambos contestaron al mismo tiempo: "hemos venido porque estamos en nuestro nashnite"–.

Y estamos en busca de un objeto mágico –terminó–. A Irina le causó molestia oír eso y añadió: "la verdad no me gusta la forma en que Ascool y Breyer hacen el nashnite, y al verlos a ustedes veo que cada vez están peor, ¿mandar a unos niños pequeños, tan lejos y sin estar listos aún? Nosotros hacemos el nashnite a los diez u once años, pero el maestro o el padre asignan la tarea conforme a la capacidad de cada uno, no mandamos a nadie a ninguna aventura loca y mortal".

Deja de molestar a nuestros invitados –le repuso Fyorda –recuerdo que viviste en Breyer. Irina no le dijo nada, luego se levantó y salió a impartir una clase, pero antes de cruzar la puerta le hizo un gesto a Luxuri, este se puso de pie y la siguió. Olixer se quedó confundido, pero pronto fue tras su hermano, a pesar de que cojeaba mucho por su rodilla.

Al salir se llevó la grata sorpresa de que la maga Irina había aceptado a su hermano para que fuese su aprendiz, justo ese día era el primer día de enseñanza para Luxuri. Irina presentó con todos sus aprendices al nuevo integrante del grupo. Luxuri estaba nervioso, no sabía de qué forma seria recibido por sus nuevos compañeros, cuando pasó al frente del círculo muchos hablaron en voz baja y otros susurraban directo a los oídos de sus compañeros, Luxuri se quedó mudo, tenía las manos sudorosas, trató de decir su nombre, pero estaba tan nervioso que no pudo hacerlo. Irina quien estaba a su lado comprendió por su cara pálida que el chico era un mar de nervios, entonces decidió ayudarlo y dijo: "su nombre es Luxuri, viene de la ciudad de Ingiros", y al mencionar esto el murmullo entre los aprendices aumentó. Estará con nosotros –siguió diciendo la maga –y espero que lo apoyen y hagan que su estadía con nosotros sea agradable.

Como si no fuera ya abundante los nervios que el chico sentía Irina dijo: "¿tienen alguna pregunta?". Ante lo que todos alzaron la mano al mismo tiempo.

A ver –dijo la maga y le dio la palabra a una joven–.

"¿Es cierto lo que dicen que tu hermano y tú fueron los que causaron ese alboroto hace días cuando pelearon con esos ilusionistas?". Luxuri se sonrojó por la pregunta, trató de hablar, pero sintió su lengua pegada al cielo de la boca, entonces contestó con una sonrisa y asintiendo con su cabeza.

¿Hay alguna otra pregunta? –cuestionó Irina al grupo –.

Y tal como en la primera ocasión todos al mismo tiempo alzaron la mano, Irina señaló a un joven que llevaba puesto en su cabeza un sombrero de copa alta, quien dijo: "tengo entendido que en Ingiros hay un maestro mago muy poderoso y famoso, ¿por qué decidiste viajar hasta aquí para aprender?".

Olixer estaba consiente que no podía contarles la verdadera razón por la que estaba en Gelendo, entonces respondió diciendo: "necesitaba a un mejor maestro".

Antes de que Irina dijera una palabra todos los aprendices alzaron la mano, pero esta los reprochó y dijo que ya era suficiente de preguntas. Pero la insistencia de los aprendices fue tanta, al punto que Irina les aceptó una última pregunta. Todos los chicos agitaban sus manos alzadas peleando por ser a quien la maga le diera la palabra, pero como ya habían preguntado dos jóvenes decidió darle la palabra a un niño que por su apariencia tenía la misma edad de Luxuri.

"¿Podrías decir de qué raza eres?". La pregunta creó controversia y discusión entre todos los aprendices, la mayoría comenzó a reprochar al chico porque les pareció muy grosera aquella pregunta.

Lo siento –mencionó el niño tratado de disculparse–.

Sin embargo, Luxuri sintió empatía hacia el chico, entonces dijo con un tono seguro: "soy un nenfis".

Por un momento los murmullos cesaron, todos quedaron impresionados y sin palabras ante lo que el chico había dicho. Irina advirtió que después de esa breve pausa las preguntas estallarían nuevamente, entonces con voz fuerte y de mando dijo: "suficientes preguntas por ahora, cada uno a lo suyo". La voz de Irina fue tan concisa que todos se pusieron de pie y se agruparon según su nivel de aprendizaje y maestro

Olixer se quedó un poco retirado, pero lo suficientemente cerca para poder ver a su hermano y hacerle un gesto de aprobación cuando la maga lo hizo pasar al centro de uno de los círculos para presentarlo. El pequeño nenfis estaba tan atento observando a su hermano que no se percató en qué momento Fyorda se sentó a su lado. Fyorda comenzó a hacerle muchas preguntas, quería saber más de aquellos pequeños revoltosos, Olixer parecía no tener ganas de hablar, pero era amable y le contestaba a Fyorda todas las preguntas que esta le hacía; la mayoría eran sobre la ciudad de

Imblert e Ingiros. Después del pequeño interrogatorio de Fyorda, Olixer regresó a la casa, la cual era un roble blanco mágico, que tenía una puerta tallada a mano con unas letras que destacaban en color café oscuro y decían en legua humana: "aquí vive Irina la increíble".

Olixer pasó durante tres días sin salir de la habitación en la que se alojaba, solamente salía durante las mañanas a ver a su hermano entrenar, y el resto del tiempo lo pasaba en la habitación. Luxuri notó que su hermano se estaba comportando un poco raro. Normalmente Olixer era de un ánimo positivo y dinámico, se la pasaba moviéndose de un lado a otro; en algunas ocasiones danzando o haciendo pequeñas bromas. No solo su actitud había cambiado, sino que también su rostro se mostraba preocupado y curiosamente sus ojos aún eran de color negro; no habían cambiado nada, físicamente ya se había recuperado pero su espíritu aún no.

Fue entonces que un día cuando salió a ver a su hermano, decidió ir al lugar donde habían peleado. Poco era lo que recordaba de aquella pelea, en el suelo había muchos agujeros y el césped estaba en algunos puntos quemado. Además, había un árbol en el suelo y otros tenían daños causados por los hechizos.

Estando ahí, un pequeño remolino de hojas se formó y en medio de este apareció Fyorda. Te he notado muy triste –le dijo –. Pero Olixer no le dijo nada. Solo agachó su vista, guardó silencio durante un momento, pero luego comentó: "no es tristeza, más bien es temor y frustración, nos vencieron muy fácil". Luego dio un suspiro y dijo: "de no ser por la maestra Irina ya estaríamos muertos. Lo que dijo Irina es cierto, no estamos listos para esto, creí que podía ser más fuerte, además no sé por qué, pero mi espíritu aún está débil".

Nadie está totalmente listo para el nashnite –le comentó Fyorda –pero de todos los chicos de tu edad que he visto, creo que eres el más fuerte. Olixer levantó su mirada y la clavó fijamente en Fyorda. La poción explosiva con la que fuiste atacado se hizo para matar magos o criaturas mágicas, no solo afecta tu cuerpo físico, también afecta tu espíritu, el manto con el que te envolví puede pausar la muerte y curar las heridas más grandes, pero no puede restaurar tu espíritu; eso solo lo puedes hacer tú, me imagino que ya sabes qué es lo que mantiene fuerte el espíritu de un nenfis.

El valor –respondió Olixer –.

Tú lo has dicho, llénate de valor, eleva las fuerzas de tu espíritu como lo hiciste al enfrentar a esos ilusionistas, como lo hiciste al dar el primer paso en tu nashnite.

No es tan fácil como se escucha –menciono Olixer y volvió a agachar la cabeza–.

Yo he visto cómo te defendiste, ningún cobarde podría haber resistido tantos ataques como lo hiciste tú –respondió ella–. ¿Y usted estaba aquí? –le interrumpió Olixer–. No, yo estaba dentro de mi casa, salí luego de escuchar la segunda explosión y vi cuando tu hermano en sus últimas fuerzas lograba defenderse. De lo demás me di cuenta al conectarme con el espíritu de ese árbol. ¿Usted sabe conectarse con los espíritus de los árboles? –preguntó el niño con gran interés–. Sí –respondió ella, y le señaló al jovencito un árbol, y ambos se acercaron a este–. Fyorda le preguntó si quería ver su pelea, ante lo que Olixer movió su cabeza con un sí, pero luego dijo: "durante la pelea la mayoría de los cristales que tenía en mi brazalete se rompieron, nunca pude conectarme con la naturaleza sin usar un cristal, de hecho, aún con los cristales me fue muy difícil".

Yo te ayudaré a conectarte con el espíritu de este árbol –aseguro Fyorda –y colocó una de sus manos en el árbol y la otra en la cabeza del niño y le pidió que colocara una de sus manos sobre el árbol. Cuando Olixer puso su mano sobre la corteza, sintió cómo su espíritu se conectaba con el espíritu del árbol, tuvo la sensación como que fueran un solo ser; las ramas del árbol parecían ser sus propias extremidades, sintió cómo el árbol absorbía con sus raíces energía de la tierra para poder vivir, escuchó el eco de un palpitante corazón, entonces comenzó a ver muchas visiones de personas y momentos que no conocía, escuchó una voz muy potente pero no logró entender qué decía, pues desconocía ese idioma, entonces lo vio, vio el momento en que llegaron a ese lugar y toda la pelea desde el ángulo del árbol, incluso vio cosas que pasaron después de que él quedara inconsciente por la explosión, de cómo su hermano los atacó con gran fuerza y del momento en que Irina y otros más llegaron a ayudarlos. La visión se terminó, Olixer tuvo la sensación como cuando te relajas y descansas.

Ahora lo sabes, tú y tu hermano pelearon con gran valor –le acotó Fyorda – pero a pesar de su valor aún les falta mucho que aprender.

Olixer se había quedado muy impresionado, aún usando cristales nunca había logrado conectarse de esa manera con algún ser vivo de la naturaleza, tartamudeó un poco y preguntó: "¿Podrías enseñarme a conectarme con los espíritus de la naturaleza?". Fyorda simplemente se sonrió, entonces comenzó a flotar hasta convertirse en un remolino que mezclaba hojas y maleza que se desvaneció entre los demás árboles.

Olixer tenía la sensación de su espíritu comenzando a despertar. Se llenó de energía, observó y dentro de su camisa apareció su marca real, sabía que aún no estaba totalmente recuperado, pero se llenó de ansias y comenzó a correr entre los árboles muy rápido y a trasladarse, lo hizo durante un largo rato hasta que cayó exhausto en el césped y comenzó a reír, cosa que no hacía desde hace varios días.

Luego de ponerse de pie comenzó a llamar a Fyorda, quien había desaparecido entre los árboles, y apareció nuevamente como un pequeño remolino de hojas. Olixer le pidió una vez más si le podía enseñar a conectar su espíritu con la naturaleza, esta le dijo que sí, pero que solo lo haría durante un tiempo, pues al terminar la primavera viajaría al sur por varios meses.

Durante las siguientes semanas Luxuri se familiarizó y adaptó al grupo de aprendices y trataba de ponerse a nivel de ellos y por su lado Olixer recibía lecciones muy importantes de parte de Fyorda.

CAPÍTULO 4
El festival de primavera

El sol salió ese día con rayos envolventes que llenaban de energía y alegría toda la ciudad. Todas las especies mágicas desde el primer día de la primavera hasta el primer día del verano, todas las razas y especies mágicas incrementaban su magia gracias a la primavera. El día tan esperado había llegado, el inicio del festival de primavera. Eran diez días de fiesta y bailes hasta el amanecer, parrilladas de comida por todas partes y lo más ansiado por todos: las carreras con criaturas mágicas, los torneos de magia y habilidades. Todas estas se realizaban en dos lugares de la ciudad, en el estadio y en las faldas del acantilado.

Desde el primer día de la primavera todos lo que lo deseaban podían montar una pequeña carpa y ofrecer muestras de su comida, ya sea que esto fuera con la idea de ganar dinero o para poder competir por ser el mejor cocinero o cocinera.

Además, ese día se realizaban las rondas iniciales de carreras de criaturas místicas. En su mayoría participaban jinetes montando pukas, kelpies del bosque, aunque ese año deslumbraron tres jinetes que montaban un gullfaxi de pelaje dorado, otro jinete montaba un unicornio de las montañas de cristal y un hombre que montaba una engeldar cuyo nombre era Zibela (nadie comprendía el porqué, ya que son muy rápidos, pero no son más veloces que un kelpie; comúnmente se les ha visto en batallas o recorriendo grandes distancias ya que cuentan con una gran de energía física y mágica).

Sabiendo que los engeldar eran criaturas mágicas de altura, se les hizo extraño que esta fuese utilizada para una carrera que no ganaría. Luego que perdiera en la carrera el jinete salió furioso. Sospechando que hubiese algo malo de trasfondo los dos hermanos los siguieron, estos entraron a un establo, ahí Olixer observó cómo el jinete le quitaba la montura al engeldar y dejaba entrever un collar con un cristal negro. Ambos supieron que se trataba de un collar maldito y que posiblemente ese artilugio mágico era el que tenía en sometimiento al engeldar. Ante ello, ambos hermanos se quedaron observando y planeando cómo liberar a la pobre criatura, pues parecía muy arriesgado, y apenas tenían unas semanas de haber llegado y podrían meterse en serios problemas, pero de pronto el jinete salió del lugar, entonces ambos entraron. Por un momento la criatura les gruñó con ferocidad, pero luego se calmó, estando frente a frente pudieron ver cómo en sus ojos se reflejaba una profunda angustia, entonces a pesar de que se metieran en graves problemas, decidieron ayudarla y liberarla en ese preciso momento. Olixer creó una daga con su magia y cortó la cadena del collar, ante esto, los ojos del engeldar cambiaron como si recobraran vida, entonces se inclinó y les agradeció, se presentó como Zibela. Luego les pidió salir para que no los encontrara el jinete ya que según ella era una persona peligrosa y vengativa, los chicos salieron del lugar, pero se quedaron muy cerca vigilando. Poco tiempo después el jinete regresó y luego de haber entrado al establo se escuchó un gran grito, después Zibela salió corriendo a toda prisa del establo y se marchó de la ciudad.

Olixer y Luxuri disfrutaban cada día del festival, se deleitaban con las suculentas comidas y todos los días iban al estadio a ver las competencias de magos; había duelos uno contra uno o en parejas, competencias de romper rocas o placas de metal, y torneos de pociones. Estas últimas se realizaban entre las escuelas de aprendizaje de magia, cada ganador era premiado con un anillo mágico creado por el maestro armero de la ciudad y como premio extra todos los ganadores eran invitados a comer con el rey de la ciudad, en la cena de cierre del festival.

A pesar de ser nuevo en la escuela de magia, Irina inscribió a Luxuri en tres competencias; lo inscribió en las que ella consideraba que podía hacer un buen papel y aprender, lo inscribió en una que se le conocía como: "carrera mágica, saltos y a una llamada multiarte" la cual se realizaba con jóvenes pertenecientes a las escuelas, y consistía en realizar de manera correcta diez hechizos mágicos diferentes. Esta competencia era evaluada por dos magos que no pertenecían a ninguna escuela y eran de suma confianza del rey. Siempre habían sido tres magos los que participaban en esto, pero por alguna razón que nadie conocía ese año solo había dos magos.

Luxuri compitió de una manera muy buena y logró quedar en sexto lugar, entre de los treinta que participaron. Por otro lado, a Olixer su mentora Fyorda le sugirió participar en "la competencia de saltos" y en "el recorrido".

La primera competencia consistía en saltar desde del suelo tomando una pequeña carrera y lograr llegar lo más lejos posible; la caída era en el agua del lago. Por su parte "el recorrido" consistía en correr una ruta que cruzaba toda la ciudad, pasando por la calle principal, atravesando el bosque de las dríades, subiendo por el camino que lleva a los acantilados, luego bajar por las rocas de la cascada más alta para luego cruzar nadando el estanque. Ambos hermanos participaron en estos juegos, en los saltos Luxuri quedó en décimo lugar y Olixer en el cuarto. Y en los juegos de carrera Luxuri quedó en octavo lugar y Olixer en quinto. A pesar de que no lograron quedar entre los primeros lugares ambos estaban muy contentos y satisfechos con lo que habían alcanzado.

El último día del festival se realizaban las rondas finales de combates entre magos, las cuales se llevaban a cabo en el estadio con un número de al menos tres mil espectadores, los duelos eran individuales y en parejas. A pesar de que los que participaban eran niños y jóvenes, los duelos eran muy entretenidos.

Luego de que el rey premiara a los ganadores de las finales de combates todos comenzaron a retirarse y prepararse para la cena y los bailes que llegarían hasta el amanecer. Luxuri se retiró junto a Irina y los demás miembros de su escuela, mientras tanto Fyorda le pidió a Olixer que lo acompañara, ambos se acercaron al rey y este los saludó muy cordialmente a ambos. Sin embargo, al rey le llamó la atención que el niño acompañara a Fyorda, aún más, cuando notó que era un nenfis extranjero, Fyorda le comentó que era su aprendiz, y esto admiró aún más al rey pues nunca había escuchado que su amiga tomara a alguien como aprendiz. Olixer se retiró un poco de ellos ya que sabía que era de mala educación escuchar las conversaciones a las que no has sido invitado. Antes de retirarse a la cena Fyorda le pidió a Olixer que regresará solo ya que ella tenía unos asuntos muy importantes que hablar con el rey, este obedeció a su mentora, pero no sin antes de darle la mano nuevamente al rey y tocarle el brazalete, aunque en esta ocasión Olixer lo hizo con la intención de poder sentir de qué tipo de cristal se trataba. Luego de dejarlo, Olixer regresó lo más rápido que pudo a la casa, este llego justo antes que comenzara la cena.

CAPÍTULO 5
Las artes mágicas son fascinantes

Una vez terminado el festival la ciudad comenzó a quedar vacía; todos los que habían llegado a ver o a participar en los juegos regresaban a sus pueblos. El primer día de clases después del festival Irina felicitó y animó a todos sus aprendices, y los invitó a prepararse mejor y seguirse esforzando.

Irina le comentó a Luxuri que tenía que nivelarse lo más rápido posible, pues todos los demás aprendices de su edad estaban más avanzados. Además, por ser zurdo y un mago de la orden efil, Irina le ordenó intentar realizar todos los encantamientos con su mano derecha, por tal razón tenía que esforzarse el doble, ya que realizar las prácticas así le resultaría mucho más difícil. Irina le explicó la razón de esto, ante lo cual Luxuri no quedó muy satisfecho, pero decidió obedecer a su maestra, pese a las dificultades que eso significaba. Finalmente, Irina le dijo: "será de mucha utilidad saber usar magia con la mano en la que no llevarás tu vara".

El día que comenzaron las clases, mientras su hermano practicaba, Olixer impregnó mucha de su magia sobre el gólem y gastó mucho dinero en comprar todas las pociones que pudo para poder darle aún más fuerza. El gólem había pasado de parecer un juguete inerte a tener un tamaño similar al de Olixer, y era ya capaz de desplazarse y entablar conversaciones como una persona.

Darle vida al espíritu de un gólem omega es muy complicado, se deben respetar las extenuantes instrucciones de seguimiento al pie de la letra. Una parte del encantamiento consistía en que, a diario, a lo largo de tres meses, se le debe añadir magia tres veces al día, de no ser así el gólem moriría y no sería más que un simple adorno de hierro.

Varios días después del final del festival uno de los magos que asistían al rey, hizo un llamado a todos en la plaza central, este a fuerte voz dio unos decretos que tenían que cumplir todos, y entre estos el que más llamó la atención de todos fue el de crear un muro que rodearía todo el frente de la ciudad, y cuya construcción estaría realizada por todos sin excepción; por lo cual surgieron sospechas de la posibilidad de un ataque y en ese caso, el muro serviría a la ciudad como defensa. Esto cobró más fuerza al recordar que el rey se había ausentado de manera sospechosa en varias ocasiones durante el año.

Aparte de eso a cada mago se le entregaron unos pergaminos que tenían más decretos que estos tenían que implementar.

Ese día Irina reunió a todos sus aprendices y les informó sobre los nuevos decretos del rey, en estos se mencionaba que cada maestro tenía la obligación de enseñar a todos sus aprendices sin importar el nivel en el que estuvieran; curación de heridas, ya fuera mediante magia o pociones, combate y creación de escudos de defensa. En el decreto se mencionaba que en los juegos de la próxima primavera se añadirían juegos de creación de pociones, y combates no solo de magos, sino también de todas las razas mágicas que quisieran concursar, además se decretó que todos los maestros magos deberían de participar en los juegos de combates.

A Irina le pareció muy favorable todo esto, pues ella siempre mencionaba a sus aprendices que los otros maestros magos solamente se enfocaban en enseñarles a combatir y se olvidaban enseñar otras cosas también importantes, como curar de manera efectiva heridas y huesos rotos, sin mencionar el uso de pociones que era un arte que la mayoría de los magos jóvenes descuidaban, a tal grado que no podían fabricar siquiera un depósito mágico de luz o una poción efectiva de argin. Pero la parte que más le llamó la atención y le causó un grado de satisfacción personal fue que los maestros magos tenían la obligación de participar en los combates. Irina sabía que esto era una muy buena oportunidad para poder cerrar las bocas de todos aquellos que mencionaban que como maga y maestra era una "risa". En los pergaminos también se mencionaba que los nuevos juegos y los ya establecidos traerían un premio en reblis de oro, mayor al que se entregó ese año.

Pasados unos días del anuncio de los últimos decretos el muro comenzó su construcción, a pesar de que nuevamente el rey salió de la ciudad.

Luego de escuchar los decretos nuevos Olixer le comentó a su hermano que el día que vio al rey junto con Fyorda, este portaba un brazalete similar al suyo, y que en ese ya habían enchapado un cristal esférico de color gris que brillaba mucho. Lo cual le pareció curioso, pues los cristales esféricos normalmente son creados para guardar recuerdos o sentimientos; en el caso de los de color gris funcionan para guardar recuerdos y los rosados para guardar sentimientos y por el brillo de estos se podría saber si eran recuerdos recientes o antiguos. Olixer le aseguró a su hermano que cuando estrechó la mano del rey y toco el cristal que lleva en su brazalete, logró ver un pequeño recuerdo guardado en el cristal. En ese recuerdo aparecía un castillo cuyos muros estaban hechos de plata. Sin lugar a duda, el rey sabía su ubicación. Los dos pasaron gran parte de la noche pensando en qué podían hacer para obtener ese cristal; Olixer suponía que el rey en sus muchos viajes se había topado con la ciudad y posiblemente en ese cristal estuviese su ubicación, por su lado, Luxuri recordó que los ganadores de cualquiera de los juegos podrían entrar al salón real, y a lo mejor, esa sería una forma de poder hablar con el rey. La idea era muy buena, así que ese día ambos se comprometieron en ganar alguno de los juegos del próximo año y así poder hablar con el rey, ya que este según Fyorda se ausentaría durante mucho tiempo, pero era seguro que estaría presente para el próximo festival.

Luxuri estaba muy comprometido en ser un gran mago, estudiaba y practicaba muy duro, era el primero en estar en el punto de reuniones y era el último en marcharse. Siempre, luego de la clase se dirigía hacia el acantilado a practicar en esas duras rocas cada enseñanza que aprendía, y por la noche dedicaba tiempo a leer sus libros y a crear apuntes sobre sus prácticas, logró conocer muchas cosas nuevas sobre la magia, nuevos hechizos y encantamientos y sobre todo acerca de las criaturas mágicas que tanto le encantaban. Su maestra le prestaba libros y este los terminaba muy rápido, gracias esto y a la dedicación de él y de su maestra había avanzado mucho; logró aprender a curar heridas, reparar huesos rotos, crear pociones de argin y algunos frascos de depósito, dar energía a cristales y una amplia variedad de hechizos que le serían de utilidad en sus aventuras.

Por otro lado, Olixer había mejorado sus cualidades mágicas natas, durante meses se había centrado mucho en eso, ya lograba conectarse con los espíritus de la naturaleza gracias a unas oréades amigas de Fyorda que le ayudaron en esa tarea. Todos los días practicaba con Fyorda, hacían carreras largas y muy agotadoras utilizando su energía física y mágica y con frecuencia practicaban peleas con armas echas de magia y siempre, sin excepción, iba acompañado por el gólem, el cual muchas veces ocupaba para entrenar ya que este se había vuelto muy fuerte, con una altura de dos metros y ya había logrado desarrollar una mente y un corazón propios, esto gracias a que los hermanos lo habían incorporado a sus actividades diarias y por supuesto, porque habían concluido satisfactoriamente el encantamiento. Incluso tuvieron que comprar una casa debido a que por su tamaño y peso ya no podía entrar a la casa de Irina. Tardaron un poco en hallar una adecuada donde el golem pudiese entrar con facilidad sin romper la puerta y desplazarse dentro de esta sin causar un alboroto. Aun que les fue difícil encontrarla, no así el precio de esta, ya que por estar hecha en su mayoría de roca no resultaba ser acogedora para la mayoría, por esa razón lograron negociar un precio razonable.

Llegado el invierno el estanque y las cascadas se congelaron. El ambiente se volvió muy frío, La mayoría de los habitantes salían poco. En general las actividades diarias se reducían durante el invierno, puesto que gran parte de las dríades y nenfis preferían permanecer en sus casas. En un momento de esta época Luxuri recordó una historia que había escuchado a un grupo de amigos, la cual versaba sobre unos cristales que se formaban en el fondo del estanque durante el invierno. Se decía que eran unos cristales muy poderosos que se podían incrustar en algún artefacto mágico y aumentar considerablemente el poder de ese artefacto, pero que durante muchos años nadie había logrado obtener dichos cristales, esto debido a las bajas temperaturas del agua. No había nadie que pudiera llegar al fondo, pues este tenía más de sesenta metros de profundidad. Es más, el último mago que se presumía que lo había logrado era un mago llamado Exley, que se supone logró encontrar un cristal que luego fusionó con su varita, pero ese era solo un rumor sin pruebas.

Cuando Luxuri le contó la historia a su hermano, logró que este se entusiasmara tanto que el mismo día decidieron ir al estanque en busca de los cristales.

Ambos fueron al estanque congelado. En el lugar había muchas personas jugando; unos deslizándose en el hielo, algunos creando esculturas de nieve y otros jugando a guerra de bolas de nieve mágica. Un grupo de amigos los invitó a jugar, pero en esa ocasión ambos declinaron la invitación, algunos de ellos al oír lo que harían decidieron acompañarlos. La mayoría para hacerles burla, pues consideraban que tal hazaña era imposible, ya que ni el mago más experimentado lo había logrado. Estando ya en el lugar que parecía ser el centro del estanque, Luxuri hizo un agujero en el hielo junto a uno de sus amigos, luego se quitaron la ropa y saltaron llevando consigo solo unos bolsos para poder cargar los cristales. Luxuri conjuró el hechizo llama Dux, con este creó lo que parecía ser una especie de kelpie que brillaba como una lámpara, para que les iluminara el camino. Ambos saltaron dentro del agua y comenzaron a descender, a pesar de las bajas temperaturas del agua había muchos peces de colores fluorescentes y unas cuantas ondinas danzando de un lado a otro. A medida que descendían, el agua se volvía más oscura, la poca luz del sol no lograba llegar hasta el fondo, pero al seguir descendiendo vieron que a la distancia había una tenue luz que a medida que descendían se tornaba más fuerte. Cuando llegaron a esta, ambos miraron unos cristales afilados y trasparentes. "*¡La historia es cierta!*", pensaron ambos. En un par de ocasiones ya habían llegado a esas profundidades jugando con unas amigas ninfas, pero nunca se habían topado con esos cristales, al parecer solamente se formaban durante el invierno.

Luxuri fue el primero en poner su mano para poder tomar un cristal, en el momento que lo hizo sintió una enorme presión en sus oídos y sobre cada parte de su cuerpo, seguido de la baja temperatura del agua que le penetraba la piel como frías agujas que llegaba hasta sus huesos. Casi de inmediato retiró su mano y la sensación que lo había golpeado desapareció. Olixer vio el gesto de su hermano, aunque no entendía el porqué, y decidió tomar uno de los cristales más pequeños, desprendiéndolo del suelo con facilidad. Como no sucedió nada a Luxuri le pareció muy extraño, entonces decidió volver a intentarlo con un cristal más pequeño, pero al momento que sus dedos tocaron el diminuto cristal tuvo el mismo efecto que la primera vez, así que al tener esa sensación tan muy fuerte desistió de tomar los cristales. Olixer abrió su bolsa y metió muchos de diversas formas y tamaños, tomó un cristal muy grande, tanto como su cabeza y decido llevarlo, aunque este no cupiera en la bolsa. Mientras su hermano trataba de desprender del suelo el enorme cristal, Luxuri vio dos cristales que le llamaron fuertemente la atención, no tenían mayores diferencias a los otros, pero por alguna razón se sentía atraído hacia estos, estaba consiente que aquella abrumadora sensación volvería aparecer, pero no le importó, no quería irse con las manos vacías, entonces tomó uno con cada mano y decidió sacarlos sin importa nada. Al momento de poner sus manos sobre ellos sintieron la enorme presión del agua en sus oídos y en todo su cuerpo, percibió nuevamente cómo el frío penetraba hasta sus huesos, pero a pesar de todo estaba decidido a sacar esos dos cristales, y poco a poco los fue aflojando hasta que por fin con la última de sus fuerzas logró desprenderlos. Al arrancarlos del suelo inmediatamente las sensaciones de dolor y frío desaparecieron. Viéndose satisfecho y que su hermano ya había llenado ambas bolsas de cristales y que había logrado desprender no uno, ni dos, si no que tres cristales tan grandes como su cabeza decidieron ascender a la superficie.

Cuando salieron del agua se dieron cuenta que estaba nevando muy fuerte, pero uno de los dos amigos aún se encontraba en el lugar, el otro pensando que algo les había sucedido fue en busca de ayuda. Después de vestirse se fueron muy deprisa a su casa. Al llegar colocaron todos los cristales en una mesa; ambos estaban muy felices porque habían logrado una hazaña increíble. Mientras se sentaban y se disponían a revisar y clasificar los cristales alguien tocó la puerta, los golpes eran muy fuertes y constantes, como no quería moverse de la mesa Luxuri a la distancia abrió la puerta con su magia haciendo un gesto como quien mueve una llave invisible, la puerta se abrió bruscamente y entró una ventisca muy fría cargada de nieve. En la puerta yacía una persona muy conocida, era Irina, llevaba puesto un abrigo gris con capucha hecha de pelo de árbol y unos gruesos guantes del mismo color, sin embargo, pese a que estaba muy abrigada llevaba nieve en las cejas y tenía un aspecto muy molesto, entonces los señaló a ambos y les dijo con la quijada temblando: "¡Ustedes! ¡Niños traviesos! ¡Ya me di cuenta que intentaron buscar los cristales en el fondo del estanque congelado! ¿¡Acaso no saben que esa es una trampa mortal!? ¿Se encuentra bien?", agregó finalmente con un tono de voz más calmado. "Estamos bien" le contestó Luxuri mientras encendía fuego en la chimenea para que Irina se calentara, pues esta estaba temblando.

Logramos obtener muchos cristales –fanfarroneó Olixer –mire están en esa mesa.

Irina vio que lo que decían era verdad, no daba crédito a lo que miraban sus ojos, en la mesa había al menos veinte cristales de diferentes tamaños y formas y tres de ellos tan enormes como sandías.

Lo logramos muy fácil –presumió Olixer–. Irina no perdía su rostro de enojo, pero al ver que se encontraban bien se calmó un poco.

Pudieron ahogarse o morir congelados –dijo mientras calentaba sus manos frente al fuego–. Ambos podemos pasar bajo el agua mucho tiempo –le aclaró Olixer sin dejar de ver los cristales –en cuanto al frío somos casi inmunes, es nuestro hábitat natural.

Esto hizo que Irina se enfadara de nuevo y dijera: "¿¡Acaso creen que son los únicos seres mágicos de la ciudad!? He visto muchos nenfis y dríades del agua intentarlo sin tener éxito, solo una persona ha logrado regresar del fondo con un par de cristales, y ustedes ¡van y regresan con una bolsa repleta!".

Ambos hermanos se miraron entre sí, ya que ese comentario les hizo sentir que su hazaña había sido más grande.

Los cristales de la historia son muy poderosos, aquel que los toca pierde todas sus cualidades mágicas, razón por la cual nadie logra emerger con éxito –dijo la maestra–. Maestra ya que menciona eso –la interrumpió

Luxuri –lo que usted dice me sucedió a mí, por esa razón me fue muy difícil obtener los cristales, pero a Olixer no le sucedió nada.

Los tomé sin ningún problema –agregó Olixer –con una sonrisa de oreja a oreja.

Irina no dijo nada, pues no sabía qué contestar. Como ya su ánimo se había calmado ella agregó: "espero que dejen de hacer estupideces. El invierno ha comenzado a ponerse muy duro y como no tenemos un lugar que nos proteja de las nevadas será imposible seguir con las clases, al menos hasta que bajen en fuerza. Justo venía a su casa cuando uno de mis alumnos me comentó que se habían metido al lago, fui a buscarlos, pero alguien me dijo que los había visto regresar, así que decidí venir aquí". Luego Irina le dio dos libros muy grandes a Luxuri y le dijo: "para que te entretengas estos días"

He memorizado cada uno de los cristales del libro que usted me regaló, pero los que encontramos en el lago no están en el libro –comentó el muchacho–.

Los cristales del lago son únicos y casi imposibles de obtener, por tal razón nadie los ha estudiado – menciono irina –solo sé que son muy poderosos y que permiten que la magia fluya con gran facilidad, sé que los cristales pueden contener una gran energía y por esta razón son muy valiosos.

¡Si! ¡Claro! ¡Dejemos a Boxter! –se escuchó una voz sarcástica desde fuera de la casa – "Él es solo un gólem", "al final volverá a la casa" –dijo el gólem parodiando a los chicos, y luego entró y vio que no solamente estaban los hermanos.

Buen día maestra Irina –comentó el gólem con suma amabilidad–.

Buen día –contestó Irina–.

El gólem no habló más, solo se sentó en un sofá enorme hecho de rocas.

Luxuri tomó unos cristales y se los dio a Irina para que pudiera estudiarlos. Irina los tomó y los colocó en un bolso como si se tratase de cualquier objeto, tratando de aparentar poca importancia hacia los cristales, dado que aún estaba molesta.

Tengo que seguir –mencionó la maestra–.

Permítame ofrecerle un chocolate caliente –interrumpió Boxter –ya que estos holgazanes mal educados no saben cómo recibir visitas.

Te lo agradezco, Boxter –dijo la maga en un tono muy dulce –pero no puedo, aún me quedan unos aprendices a quienes entregarles estos libros, y quiero terminar los más rápido posible. Recuerda estar atento a tu bola de cristal. –concluyó la maga en un tono diferente –cuando la nieve suba ya no podré visitarlos. Y por favor, llenen su estante de comida o pasarán hambre –dicho esto Irina salió–.

¿Ustedes quiere tomar chocolate caliente? –les preguntó el gólem–.

Parece buena idea –le contestó Olixer–.

Si quieren, prepárenlo ustedes –agregó el gólem y se hecho a reír–.

Teniendo algo más importante que prestar atención a las bromas de Boxter, los hermanos comenzaron a ordenar los cristales. La mayoría eran trasparentes como el agua y otros tenían un tono blancuzco, pero los dos que había tomado Luxuri no parecían cristales, más se asemejaban a pedazos de hielo; unos totalmente trasparentes y otros con un leve tono celeste. Después de contarlos y ordenarlos por su tamaño colocaron la mayoría en un gran cofre encantado hecho de roca, con bordes de cobre. Luxuri tomó los dos cristales que había logrado obtener tan difícilmente y los colocó en una pequeña bolsa dentro del cofre y luego le aseguró a su hermano que un día cuando tuviese su varita, le colocaría esos dos cristales y la haría más poderosa.

¡Hola!… –elevó la voz el gólem –creo que merezco una disculpa.

Ambos hermanos lo miraron.

¡Sí, aquí estoy! –les dijo el gólem nuevamente con voz sarcástica–.

Discúlpanos –le dijeron ambos hermanos–.

Te voy a recompensar –le dijo Olixer –.

Sí "claro" –comentó Boxter –me vienes con ese cuento desde hace tiempo.

Olixer no le dijo nada, y tomó una almohada que estaba en el sofá y se la lanzó.

¿Así que quieren pelear? –les cuestionó Boxter – salgamos a practicar, tengo muchas ganas de patearles nuevamente el trasero a ambos.

Ambos ignoraron las palabras de Boxter al notar su tono molesto. Entonces siguieron con sus cristales, colocaron uno muy pequeño en la mesa y Luxuri tuvo la idea de energizarlo. Energizar un cristal era un proceso muy sencillo de hacer y no presentaba riesgos, este proceso consiste en impregnar energía en dicho cristal, y puede utilizarse para diversas actividades domésticas como encender fuego, aunque también sirven para para crear armas mágicas.

Ambos salieron de la casa, afuera estaba nevando mucho y había mucho frío, aunque para ellos era un clima totalmente agradable. Luxuri alzó la mano con que sostenía el pequeño cristal y comenzó a trasmitir su energía, este se tornó de color rojo intenso, luego lo lanzó muy fuerte hacia un gran cumulo de nieve que estaba a unos metros y cuando el cristal impacto sobre la nieve esta se derritió en un instante. Los tres quedaron admirados, al parecer lo que Irina les dijo era muy cierto, el cristal había aumentado la energía que Luxuri había depositado en él.

Casi de inmediato Olixer entró a la casa y sacó el cristal más grande.

Tengo una idea –le dijo –¿Qué te parece si llenamos de energía este enorme cristal?

Su hermano le hizo un gesto con su cabeza. Después de tomar una poción de argin colocaron el enorme cristal sobre unas rocas, Olixer creó una espada de energía y la colocó sobre el cristal con el fin de que este absorbiera la energía de la espada. Mientras él hacía esto su hermano le lanzó un rayo continuo de color naranja, mientras recitaban un encantamiento. Ambos se mantuvieron así durante un largo rato sin interrupción ya que para energizar un cristal se tiene que hacer de esa forma, pues si por alguna razón dejas de otorgarle energía de manera continua el cristal ya no adsorbe más.

Se mantuvieron así durante unos minutos hasta que quedaron totalmente exhaustos. Cuando se hubieron recuperado, ambos se acercaron al cristal con mucha cautela. Como era un tipo de cristal desconocido no estaban seguros si este se mantuviese estable o estallaría en pedazos; el cristal palpitaba una fuerte luz blanca, hasta que por fin se estabilizó la luz dejó de parpadear.

Está listo –exclamaron los dos–.

Olixer llamó a Boxter para que saliera. Lo hizo en varias ocasiones hasta que al fin el gólem salió, entonces Olixer le dijo que era el momento de recompensarlo.

Mira este hermoso cristal –le decía con gran ánimo –te lo colocaremos en tu hombro

Sí... claro... –le dijo Boxter –creo que en lugar de recompensarme lo que quieren es matarme. Claro, seré su conejillo de pruebas.

Si tienes miedo solo dilo –apuntó Luxuri de manera desafiante–.

¿Te parezco tan ingenuo? –increpó el gólem –no voy a caer en ese juego, pero ¿sabes qué? Aceptaré, pero solamente porque sé que voy a morir y sé que no podrán estar sin mí.

A ambos hermanos les causó risa escuchar el dramatismo de Boxter. Este se sentó sobre el suelo que ya tenía una alfombra de varios centímetros de nieve y ambos hermanos acoplaron el enorme cristal en el agujero de su hombro izquierdo. Y así como un imán atrae el metal, el cristal se acopló fuertemente al gólem, de tal manera que dio la impresión de que el metal y el cristal se fusionaron. Boxter se puso de pie, la energía del cristal se esparció por todo su cuerpo, este alzó sus manos y lanzó un enorme grito. Luego les dijo: "es hora de practicar".

Como era costumbre ambos hermanos comenzaron a combatir contra el gólem, moviéndose de un lado a otro, tratando de acertarle golpes o hechizos. Y todo parecía estar como antes hasta que el gólem lanzó un fuerte golpe que impactó sobre el suelo, pero a diferencia de otras ocasiones, el golpe creó una pequeña onda expansiva de magia que los hizo caer de espaldas. El impacto dejó la nieve barrida varios metros alrededor del gólem. Los dos hermanos no se golpearon gracias a que la nieve les amortiguó la caída. A pesar de que tenían nieve hasta dentro de las narices ambos no dejaban de reírse y de celebrar que su experimento había funcionado. El gólem no lo dijo, pero sentía cómo su fuerza había incrementado significativamente.

Ambos hermanos pasaron gran parte del invierno practicando día tras día sus habilidades mágicas y combates con Boxter, preparándose para los juegos del Festival de Primavera.

CAPÍTULO 6
Una grata sorpresa

Un leve rayo de luz entró por la ventana llegando frente al rostro de Olixer, lo cual provocó que este se levantará con gran ánimo, como aquel que espera con ansias la llegada del día en que irá de viaje. Saltó hacia la cama de su hermano aun soñoliento, el cual se despertó y preguntó el porqué del alboroto. ¡Hermano! –le dijo con gran ánimo –¡Hoy es nuestro cumpleaños! –terminó diciendo y se lanzó sobre él dándole un fuerte abrazo –¡Tenemos que celebrar a lo grande!

Ya lo creo –le aseguró Olixer –hay que dejar la cama, tenemos que disfrutar cada hora de este día, el mejor día del año.

Ambos fueron a deslizarse en el estanque congelado y a encantar estatuas esculpidas en hielo. Como ya era medio día y tenían hambre regresaron a su casa. Y al estar cerca vieron que la puerta se encontraba semiabierta, pensaron que quizás Boxter la había dejado así. Ambos entraron lentamente y se llevaron una grata sorpresa; dentro de la casa estaban Irina, Fyorda, Boxter y todos los alumnos de Irina, y les habían preparado una fiesta de cumpleaños secreta. Los hermanos estaban muy emocionados y sorprendidos, les habían preparado un larga mesa de comida con todo tipo de delicias, en medio de la mesa se encontraba una enorme montaña de helado de dos colores, y por dentro, la casa estaba decorada con brillantes copos de nieve de diferentes tonalidades que flotaban lentamente en todos los rincones de la casa. Cada uno recibió un regalo de parte de Irina y Fyorda; a Olixer Fyorda le regaló un pequeño cofre musical y a Luxuri, Irina le regaló una varita que ella había mandado a fabricar, hecha de bambú y cobre. Luego de comer y abrir los regalos se dispusieron a danzar durante varias horas.

Después de despedir a los invitados, Luxuri salió con la varita que Irina le regaló y comenzó a practicar todos los hechizos que sabía; estaba muy feliz con su regalo, sabía que a pesar de que era una varita de practicante era muy resistente y podría hacer hechizos más fuertes. Por su parte, Olixer se acercó a su hermano y le entregó un cinturón de escamas de dragón de color rojo con una hebilla en forma de cabeza de dragón. Su hermano no perdió el tiempo y se quitó su cinturón y se colocó el que su hermano le había regalado, estaba totalmente encantado con él.

Yo también tengo algo para ti –le dijo –extiende tus manos y cierra los ojos.

Luxuri le hizo cerrar sus ojos y en el momento en que extendió sus manos, se formó un collar que tenía un adorno de oro azul, era una reliquia que tenía la forma de una tortuga de cristal. Olixer se quedó con la boca abierta, era un collar magnifico, se lo colocó en el cuello y se fue hacia un espejo para contemplar cómo le quedaba.

Me encanta, –le dijo con una gran sonrisa–.

¡Bueno, bueno! –se escuchó la voz de Boxter –yo les quiero regalar algo, a pesar de que son egoístas conmigo y me dejan olvidado la mayor parte del tiempo.

Boxter entregó un regalo a cada uno. Los dos estrecharon miradas y sacaron lo que había dentro de las cajas, Ambas tenían dos piedras, Boxter soltó una carcajada y no paraba de reír por la broma que había hecho a ambos chicos. Estos tenían una cara que había pasado de una gran curiosidad a una cara de disgusto. Cuando dejó de reírse les entregó otras dos cajas, ante las que ambos hermanos se mostraron con un poco de desconfianza. Luego abrieron estas cajas, los dos soltaron un "¡Vaya!". Eran un par de medias botas de color gris y azul decoradas con tres hebillas de plata. Después de dar las gracias y un cálido abrazo a Boxter, ambos se quitaron los zapatos y se colocaron las relucientes botas que eran justo de sus tallas, y las cuales habían visto en una tienda de la ciudad, pero el día que querían comprarlas ya alguien se las había llevado.

Qué bueno que les hayan gustado –comentó Boxter –veo que valieron cada centavo.

Me encantan –expresó Luxuri que miraba de un lado al otro sus botas –pero Boxter tú no tienes dinero para comprar –agregó con tono interrogativo–.

Tuviera dinero –dijo de manera sarcástica –si ustedes me dieran, ¡pero no! "*El gólem no necesita dinero*".

Entonces, ¿de dónde sacaste monedas para comprarlas? –lo interrumpió Olixer–. A lo que Boxter respondió: "las tomé de su bolso mágico, donde guardan su dinero". Ambos hermanos se molestaron por el comentario, Boxter percibió la molestia de los dos, entonces se apresuró a decir: "es broma, en los días en que ustedes estaban en sus prácticas ayudé al mago de la tienda de sortilegios a forjar la puerta de hierro que el rey le pidió hacer y como soy más fuerte que todos esos inútiles gromis que trabajan con él, me pagó muy bien por ayudarlo a martillar esa puerta.

Ambos se asombraron con el comentario, realmente el gólem les tenía aprecio, entonces nuevamente le dieron las gracias y otro abrazo.

CAPÍTULO 7
Aprende a seguir indicaciones

Los rayos del sol se abrieron paso entre la abundancia de las nubes, los árboles extendieron sus ramas, como cuando una persona se despierta después de un largo sueño y estira sus extremidades. Las flores en el suelo y en los árboles comenzaron a brotar, las aves cantaban con gran fuerza y revoloteaban por el cielo. Fluían cristalinas las aguas del río y las cascadas, muy libremente tras abrirse paso en el último remanente de hielo. El espíritu de la primavera había llegado, justo en el cambio de estación.

Cada ser mágico podía sentir cómo un espíritu cálido y confortante reposaba en aquellas tierras. El festival estaba a punto de iniciar, y con él, los tan esperados juegos para los que cientos de personas llegaban en sus caravanas o en sus barcazas. Los visitantes se llenaban de asombro al ver aquel enorme muro en construcción de unos veinte metros de alto y unos ocho metros de ancho. Desde apenas un año atrás la ciudad había cambiado mucho; parecía estar convirtiéndose en una pequeña fortaleza.

Por otra parte, en el bosque Irina entregaba a cada uno de sus aprendices los uniformes que utilizarían durante los juegos, este uniforme era de color verde musgo decorado con hojas de un tono de verde más claro, el uniforme estaba formado por pantalones, camisa de manga larga, una capa en forma de hoja color azul-verde y un sobrero de media copa adornado con lianas de árbol.

Aparte del uniforme, Irina les entregó un pergamino que de manera simbólica representaba que habían subido de rango mágico y que estaban listos para comenzar a aprender en el siguiente nivel. Además, a Luxuri le entregó el símbolo de su escuela, un anillo de madera negra recubierto por una liana de color blanco, un anillo el cual deberían portar todos aquellos que habían logrado aprender veinte hechizos diferentes y ejecutarlos de manera correcta.

Los primeros juegos dieron inicio, las carreras con criaturas mágicas, los recorridos en velocidad, los combates, la demostración de hechizos y la fabricación de pociones. En esta ocasión Luxuri participaría en demostración de hechizos, creación de pociones, en duelo individual y en recorrido por equipos de tres. Por su parte Olixer participaría en combate individual, recorrido individual, en salto y en recorrido por equipo de tres.

Luxuri logró pasar de manera fácil las primeras rondas de cada uno de los juegos en los que participó, a excepción de duelo individual ya que le tocó enfrenta a otro mago de la orden efil que ya contaba con su varita y con hechizos más fuertes, pero aun así se las arregló para poder ganarle usando la varita que Irina le obsequió en su cumpleaños.

En el quinto día eran las etapas finales de cada juego, a pesar de competir de manera dura, Luxuri no había logrado el tan deseado primer lugar, incluso en demostración y en pociones solo pudo obtener el segundo lugar. En cambio, Olixer había logrado ganar dos segundos lugares; uno en saltos y otro en recorrido, pues a pesar de que era muy rápido una dríade logró ganarle. Y se podría decir que eran igual de rápidos, pero en la parte final del recorrido, en la que se tenía que descender por las paredes rocosas del acantilado fue vencido por la destreza de esta dríade, al igual que en las competencias de salto. Solamente había logrado ganar en combates, en ese juego nadie pudo hacerle frente, esto gracias al fuerte escudo y espada que creaba con su magia, con los cuales acertaba golpes muy fuertes, eso sin mencionar la gran habilidad que tenía ya que se la había pasado casi un año practicando combates con la hábil Fyorda y con el gólem. Al lograr ganar el último combate, el pequeño nenfis se encontraba muy feliz, pues este triunfo lo ponía en la tan esperada "Cena de Campeones", donde según sus planes podrían acercarse al rey y a lo mejor obtener alguna información que les fuera de utilidad.

Después del combate de Olixer se realizó el combate de Luxuri, a quien le tocó pelear contra un mago un poco mayor que él. Fue un combate muy llamativo, pues ambos se lanzaron una gran cantidad de hechizos y estaban determinados a ganar. En un inicio Luxuri combatió sin varita por recomendación de su maestra, pues la varita de cobre y bambú había sufrido daños durante su anterior combate. En un inicio Luxuri siguió la recomendación de su maestra, pero al notar que sus hechizos eran más débiles decidió usar la varita que tenía, aun sabiendo que correría el riesgo de que esta se rompiera. El hecho de que Luxuri aún no contaba con su varita real fue determinante en el resultado, pues a pesar de que la varita que le había regalado Irina era muy resistente no logró soportar la gran energía que se dio en el combate, y justo cuando estaba dominando y con la victoria cerca, la varita le explotó en su mano. La explosión lo dejó muy aturdido, con la muñeca rota, pero aun así el chico trató de seguir en combate, pero ya no pudo hacerle frente a su rival y este logró vencerlo.

Luego de ver el gran duelo que tuvo su hermano, Olixer decidió buscarlo junto a Boxter, pero no pudieron encontrarlo, le preguntaron a varios se sus amigos si sabían de su paradero, pero nadie sabía dónde se encontraba. Pasada la tarde, Olixer lo buscó en la orilla del acantilado, cerca del bosque, en el lugar donde siempre pasaba las tardes practicando, el ambiente era extraño, sobre el riachuelo había una ligera niebla y varias rocas calcinadas, unas destruidas y muchos agujeros en la pared rocosa del acantilado.

Luxuri se encontraba sentado en una roca, había llorado tanto que las lágrimas habían rodado hasta su estómago, sus ojos estaban rojos y su rostro reflejaba un gran dolor y frustración.

¡Me duele tanto! –dijo Luxuri con voz quebrantada a su hermano antes que este mencionara palabra alguna–.

Olixer lo miró fijamente, podía ver como su hermano destilaba una profunda tristeza, parecida a un aura gris que lo rodeaba de pies a cabeza.

Tienes que ir a que alguien te cure la mano –le dijo Olixer, el cual se sentó sobre una roca frente a su hermano–.

No es mi mano lo que más me duele. –agregó Luxuri –¡Tenía tantas ganas de ganar! ¡Pasé todo un año practicando y no entiendo qué ocurrió! ¡No sé por qué aún no he logrado encontrar mi varita! –gritó con amargura y lanzó de sus manos una flecha de fuego celeste contra la pared de roca –¡Tenía que ganar! era mi deber, para que en nuestro plan de ver al rey tuviéramos una doble oportunidad. No entiendo. ¡¿Por qué no puedo ser tan bueno como tú?! ¿Por qué nada me puede salir bien? Siempre tiene que haber algo que arruina todo, como que si el universo conspirara contra mí. ¡He tratado de esforzarme tanto! –dijo y de sus ojos brotaron nuevamente unas grandes lágrimas; la amargura y el dolor se notaban aún más en su voz y en su rostro–.

Pero eres muy bueno –le comentó Olixer con un tono seguro –realizaste un gran combate.

Dices que soy tan bueno... –lo interrumpió Luxuri –¡Pero ni siquiera me has tenido la confianza suficiente para decirme cuál es tu plan para poder obtener el cuerno!

Olixer no dijo nada por un momento, esperó a que su hermano tomara aire y se calmara y luego le dijo de manera gentil: "si lo que tratas es ser como yo jamás lo lograrás. Y eso es así en todo, no se puede vivir esperando ser como alguien más, está bien si tomas de modelo a una persona, pero si todo el tiempo buscas ser como alguien más estarás perdiendo tu tiempo y tu vida, y el fracaso y la infelicidad serán lo único que obtendrás. Puede ser que nuestro camino y destino sean el mismo, pero los obstáculos que encontramos son diferentes".

Luxuri lo miró muy fijamente y agregó en un tono menos furioso: "lo dices tan fácilmente, pero sabes que eso no es verdad, tú siempre has llenado las expectativas de todos".

Olixer se molestó un poco, pero no fue por lo que su hermano dijo, se molestó porque este se valoraba muy poco y agregó: "¿Sabes que eres único?, ¿verdad? Nunca en la historia de este mundo ha existido un nenfis mago ¡Nunca! Y tú lo eres. No sé qué te paso en Ascool mi querido hermano, pero desde que te fuiste a ese lugar cambiaste mucho, te recuerdo como alguien muy feliz, seguro y orgulloso del nenfis que eras".

Olixer se puso en pie y siguió hablando: "¿Sabes por qué entreno tan duro? Si aún no lo sabes te lo diré. El día que descubrieron que eras un mago supe que tenía que esforzarme el doble, y no para ser mejor que tú, sino que lo hice y aun lo hago para que tu tengas un hermano digno, tan grandioso como tú. Para para no ser uno como miles en la historia de nuestra raza... Solamente he querido ser digno de ser tu hermano, un digno hijo de nuestros padres".

Luego de escuchar estas palabras el chico suspiró con tristeza y siguió hablando con voz quebrada: "y si no te he dicho mi plan es por el simple hecho de que no me gusta verme mal, menos frente a ti, sabes que me gusta que todo esté a la perfección antes de proceder a hacer algo".

Hubo un silencio muy largo, Luxuri no dijo nada, había quedado impactado por lo que su hermano le dijo, había quedado tan pensativo y con un carnaval de sentimientos, ni siquiera se dio cuenta en qué momento le dejaron de salir lágrimas y en qué momento se formaron unas en los ojos de su hermano. Olixer se sentó nuevamente al lado de su hermano y lo abrazó. Luego le dijo ya con calma y con voz segura: "aún queda un juego, si lo ganamos los dos podríamos ir a la Cena de Ganadores para hablar con el rey".

¿Sabes que es la prueba en la que menos probabilidades tenemos de ganar? –añadió Luxuri–.

Competiremos literalmente contra los que individualmente nos han ganado los otros juegos, lo sé –dijo Olixer –pero nunca se han enfrentado a nosotros dos juntos. Tengo una idea para poder descender del acantilado más rápido, fue en ese tramo de la carrera que me ganaron, pero en esta ocasión no será así.

¿Y qué harás le preguntó Luxuri? Será una sorpresa, ya verás que sí ganaremos mañana. Por ahora hay que levantar los ánimos y curarte para que mañana estés al máximo.

Ambos fueron a casa de Irina para que esta le curara los huesos rotos. La maga estaba molesta con Luxuri por no haber seguido la indicación de no usar la varita, pero al verle el rostro al chico supo que había estado llorando y pensó que el regaño podría terminar con los pocos ánimos que tenía de seguir participando en los juegos del día siguiente. Después de curarlo, Irina los reunió junto con la tercera integrante del equipo, su nombre era Ayris, una joven aprendiz que provenía de la ciudad llamada Ulinao, y quien a pesar de que apenas unos días antes se había incorporado al grupo de aprendices de Irina eso no significaba que no contara con habilidades, pues esta jovencita de larga melena negra y piel blanca era hija de magos, pero había llegado a Gelendo con el fin de aprender a usar su magia sin el uso de vara y participar en los juegos.

El día era agradable, muchas personas habían llegado a ver el juego de recorrido, era el último juego de ese día durante la mañana, había música y cantos por doquier, los espectadores yacían colocados en los diversos puntos del recorrido y animaban a todo pulmón a sus equipos favoritos.

Muy temprano se reunieron con Irina y Ayris para darles las ultimas indicaciones. El rostro de Olixer gesticulaba impaciencia porque aquello comenzara, estaba muy ansioso, frotaba sus manos y se movía de un lado a otro. Era tanta la ansiedad que tenía por comenzar que la joven maga Ayris le pidió que se calmara, porque ya la tenía un tanto desesperada. Por su parte Luxuri se encontraba de brazos cruzados, aparentemente calmado, pero en su mente parecía tener una batalla abismal entre sus pensamientos positivos y negativos, luchaba internamente por darle fuerzas a los pensamientos que lo animaban a no darse por vencido, parecía estar ido, estaba tan hundido en sus pensamientos que ni siquiera notó que unos chicos del otro equipo se estaban burlando de él por haber perdido en los juegos de combate.

Ayris vio cómo al chico le bajaba una gruesa gota de sudor frío. La maga comenzó a preocuparse, por un lado, tenía a un chico que comía ansias y por otro lado tenía a uno que estaba totalmente perdido en sus pensamientos, tuvo la idea de decirle algo para animarlo, pero recién lo había conocido, apenas sabía su nombre, entonces decidió que era mejor no decir nada.

Antes de comenzar con el recorrido se escuchó un viento fuerte como el sonido que hace un tornado, todos sabían qué era, menos los dos hermanos. De pronto, desde el cielo descendió un fuerte viento que tomó forma de persona, entonces un gran grito de júbilo en todo el estadio se escuchó, todos se pusieron en pie y gritaron a coro, "¡salve el rey Leisar!". Pocas cosas habían escuchado sobre el rey de Gelendo, ninguno de los hermanos lo había vuelto a ver después del festival del año anterior, pero al presenciar esa espectacular entrada seguros que se trataba de un auténtico nix, y no cualquier nix, era un rey y aparte de rey tenía un poder mágico que solo podían comparar con el de su padre el rey Artion. Después de que el rey se presentara no dijo mayor palabra, solamente hizo un gesto con su mano para que dieran inicio.

Los cinco equipos se reunieron en el lugar donde iniciaría la carrera, frente a ellos había cinco mesas muy grandes, todas equipadas con frascos e ingredientes para preparar casi cualquier tipo de poción. Justo en medio de cada mesa había un pequeño de cofre de madera. Al sonar una campana cada equipo tenía que tomar un cofre, dentro de este se encontraban las dos tareas previas que obligatoriamente tenían que cumplir antes de hacer el recorrido. Al sonar la campana cada equipo tomó su cofre y procedieron a leer las instrucciones de las tareas a realizar. Una de estas era crear una poción de argin y la otra era elaborar una carta sello. Ayris se encargó de elaborar la carta sello y Luxuri en preparar la poción de argin.

Ayris fue la primera en hacer la carta sello, por otro lado, Luxuri se tardó un poco más que los otros en crear la poción de argin, cuando la hubo terminado ya todos los equipos habían comenzado el recorrido, cuando se la entregó a su hermano este se la bebió de un sorbo, tomó la carta y comenzó a correr con todas sus fuerzas.

Los demás corredores ya le habían sacado ventaja, pero poco a poco la fue reduciendo ya que utilizaba su habilidad de trasladarse para avanzar los metros que podía mientras sus piernas no dejaban de moverse. Paso a paso fue acortando aún más la distancia, cerca del bosque encontró a un corredor, recostado en un árbol y otro cerca del acantilado vomitando; parecía que las pociones les cayeron mal. Sobrepasó a otro chico en la cima del acantilado, y a pesar del cansancio no paró de correr. A la distancia notó cómo la dríade que llevaba la delantera llegó al borde del acantilado y comenzaba el descenso, corrió aún más fuerte y seguía trasladándose y antes de llegar al borde del acantilado en lugar de detenerse y comenzar el descenso aceleró y saltó con todas sus fuerzas desde el borde. Realizó un salto increíble, se hizo dócil como el viento y se trasladó en el aire un par de veces para lograr un poco más de distancia y mientras descendía hizo un giro. Todo el público se puso de pie, Ayris soltó un pequeño grito entre sus manos que tapaban su boca. Luxuri se quedó con la boca muy abierta, era algo asombroso, un salto espectacular desde tan enorme altura, considerando que la distancia entre el acantilado y el lago era de unos veinte metros. Cayó al agua de forma magnifica y aunque lo hiciera con mucho estilo, el hecho de que cayera desde esa gran altura generó una gran inquietud entre los espectadores, pues el golpe contra el agua se escuchó muy fuerte. Por un momento parecía que no saldría del agua, muchos pensaron que quizás se había lastimado, pero no fue así, Olixer utilizó la fuerte caída para hacer una parábola bajo el agua y así ganar velocidad; nadó bajo el agua como un pez y justo antes de llegar a la orilla salió del agua como un delfín, el público se emocionó aún más al verlo emerger del agua y comenzaron a aplaudirle y gritar de emoción. Olixer le entregó la carta al juez y este la abrió y verificó que esta no tenía daño alguno por el agua, esto gracias al hechizo de protección que Ayris le había colocado, el juez intentó leer el contenido de la carta, pero no pudo hacerlo, intentó con su magia romper el hechizo que ocultaba la información, pero no le fue posible, entonces el juez levantó la mano en señal de que todo era válido y los declaró ganadores. Los tres gritaron de felicidad, aun no lo podían creer, a pesar de que habían comenzado lento lograron reponerse y ganar. Los tres no paraban de hablar y celebrar su triunfo, muchas personas se acercaron al grupo para felicitarles, incluso el mago que era juez lo hizo, por haber logrado una poción de argin tan efectiva, por la carta sello que era irrompible y por supuesto: por la gran carrera que Olixer había ejecutado.

Al terminar la carrera el público comenzó a salir en busca de comida y prepararse para los juegos de la tarde que eran los más esperados.

El estadio estaba repleto, no había un solo lugar disponible a pesar de que había ampliado su tamaño con respecto al año anterior; eran alrededor de seis mil asistentes de todas las razas, magos, nenfis, ninfas, dríades, gromis, aves, criaturas cuadrúpedas y otros seres mágicos. Había un ambiente increíble, los combates entre dríades y nenfis fueron más que atractivos, luego les seguían en importancia los combates de magos que no eran clasificatorios, solo eran combates a manera de demostración, pero no por ello perdían relevancia, pues era un secreto a voces que todos los magos buscaban demostrar quién era el mejor. A Irina le tocó combatir contra un mago de la orden efil, su nombre era Nefri y era el encargado de la escuela de la tercera cascada, este era muy presumido y de carácter altivo, pero nadie tenía duda de que era un gran mago.

Luego que se creara una especie de barrera invisible para proteger al público, se dio la señal para dar inicio al combate, en un extremo del estadio se encontraban todos los aprendices de Irina, que entre tantas personas y por el color de sus uniformes parecían una mancha verde, incluso Boxter se encontraba con ellos, pues Olixer le había colocado una pintura temporal de color verde para hacerlo sentir parte del grupo.

Al sonar la campana el combate dio inicio. Ambos magos comenzaron lanzándose hechizo tras hechizo, muy fuertes, hubo muchas explosiones y chispas por todos lados, el combate fue muy parejo hasta que en un momento Irina logró lanzar de manera simultánea un hechizo de cada una de sus manos y así logró derribar y vencer al mago Nefri. Muchos, pensaron que quizás Irina perdería fácilmente por el hecho de ser mujer y tener un carácter pacífico, esto sumado a que varios de los magos le habían creado una reputación de una maga a medias, pero la realidad era muy diferente. Irina no solo era una excelente maga, había participado en muchas batallas, incluso en la guerra "Tormenta de hierro" quinientos años atrás. Su carácter y tenacidad eran totalmente diferentes; durante un combate parecía irreconocible.

Al vencer al mago hubo un momento de silencio, seguido de gritos y cantos, ya que nadie esperaba que ella ganara. Muchos aún no lo creían, pues el mago Nefri era considerado el mejor mago fuera de la corte del rey. Los aprendices de Irina comenzaron a gritar en coro:

"¡¡¡Irina!!! ¡¡¡Irina!!!"

Mientras tanto Boxter le hacía un gesto mal educado con su mano al mago Nefri y le gritó que era un inútil presumido. En un inicio solo se escuchaban los ánimos de sus aprendices, pero pronto todo el estadio comenzó a gritar a coro:

"¡¡¡Irina!!! ¡¡¡Irina!!!"

Para la maga y sus aprendices fue una sensación sumamente satisfactoria, oír a coro miles de voces gritando:

"¡¡¡Irina!!! ¡¡¡Irina!!!"

Al terminar el último combate el rey agradeció a todos los asistentes, felicitó en público a todos los ganadores y les entregó un anillo y el premio monetario prometido. También se premió a las tres escuelas más destacadas durante los juegos; en primer lugar, quedó la escuela del mago Nefri, en segundo lugar, la escuela de la maga Gali, y en tercer lugar quedó la escuela de Irina, aunque a ella eso no parecía importarle tanto, pues no era uno de sus objetivos primordiales. Aun así, recibió con gusto un pergamino y un saquito con monedas de plata.

Al terminar la premiación los dos hermanos salieron del estadio y se mostraban el uno al otro sus anillos de campeones; ambos tenían una piedra beryl natural sin tallar, el aro era como de corteza de un árbol de color café, el anillo no era mejor que los que podían habitar las arcas de sus reinos, pero ambos estaban encantados con su joya y lo que esta representaba. Cuando se disponían a ir a su casa, Irina y Fyorda los alcanzaron y comenzaron a hablar con ellos.

¿Adónde van? –preguntó Irina–.

Vamos a nuestra casa y luego regresaremos a la fiesta con el rey –contestó Luxuri–.

Hoy tienen que ir a mi casa –respondió Irina –les ayudaremos a estar presentables para la fiesta, además tenemos planificado que todos los que ganaron de nuestro grupo asistan juntos. Ambos hermanos asintieron, y siguieron caminado junto a ellas coreando el nombre de Irina y comentado eufóricamente sobre el gran combate que Irina había tenido. Ella trató de calmarlos haciéndoles ver que había aprendido ese ataque de uno de sus aprendices, pero debido a la emoción ninguno le tomó importancia a ese comentario.

Un par de horas después de la puesta del sol los dos hermanos estaban listos, llevaban puestas las prendas que Fyorda les regaló, las cuales eran muy hermosas y hechas por la misma Fyorda. Ambos vestían camisas de manga larga blanca con bordes de un rojo oscuro y un pantalón negro, junto con guantes hechos de hojas también de rojo oscuro y decoradas todas las piezas con lo que parecían ser hojas de distintos colores y musgos. Olixer como tenía de costumbre en las fiestas se había hecho un peinado peculiar y Luxuri por su parte portaba su sombrero de mago. Cuando todos los ganadores estuvieron reunidos marcharon hacia el castillo del rey.

Este castillo era de tamaño mediano, pero muy lujoso, estaba construido sobre un enorme témpano que flotaba a varios metros de altura sobre el lado izquierdo del risco, al cual solamente se podía acceder mediante unos escalones que flotaban como una escalera de caracol a su alrededor, aunque también se podía llegar volando. La puerta que comúnmente estaba cerrada se encontraba abierta de par en par, dentro se escuchaba música y unas cuantas risas, el grupo se ubicó en una de las grandes mesas decoradas con un mantel de hojas de rosa púrpura.

Luego de la cena los músicos entonaron un ritmo más vivo, la mayoría comenzó a danzar y celebrar, había un ambiente muy alegre, los dos hermanos bailaron alrededor de una hora junto a unas dríades y ninfas que eran amigas de ellos, mantenían un ojo en la fiesta y otro ojo en el rey esperando la oportunidad para acercarse y poder hablar con él, pero les fue muy difícil, puesto que el rey se mantuvo hablando mucho tiempo con varios invitados. Cerca de la medianoche la música se pausó y el rey comenzó a hablar al público:

"Como todos los años, los juegos han sido fascinantes, todos los que están aquí son dignos merecedores de su reconocimiento, los que han venido en otras ocasiones saben que de entre todos los ganadores yo elijo al campeón que realizó la hazaña más admirable en todos los juegos, este afortunado recibe un premio más de mi parte, este año he visto muchas cosas sobresalientes, pero entre todas hay una que hizo que me levantara de mi asiento. ¡Este año el reconocimiento es para el nenfis llamado: Olixer!"

Olixer quien se encontraba al lado de Ayris quedó perplejo por las palabras del rey Leisar. Por un momento pensó que había escuchado mal, pero al notar que todos en la fiesta habían dirigido su mirada hacia él comenzó a caminar hacia el rey. No lo podía creer. Estaba con la boca abierta al igual que su hermano y la mitad de los asistentes. Todos aplaudieron y celebraron, pero no con tanta energía como Irina y sus aprendices.

Déjame decirte que en los casi quinientos años de presenciar los juegos nunca había visto algo así, ya hace varios años que alguien de tu edad no realizaba una hazaña tan asombrosa.

Sin embargo –siguió Leisar –al que tiene este merito le doy desde mi posición un premio especial. Dime, ¿qué es lo que deseas, Olixer?

Olixer no salía de su asombro, no podía creer lo que estaba escuchando, era como si todo fuese mandado a hacer. En su incredulidad tartamudeó un poco y le dijo al rey:

"Si se puede, señor, me... me gustaría tener uno de los cristales que lleva en su brazalete". El rey se sonrió, pero en su interior el rey no se explicaba por qué le pedía ese cristal, era insignificante en términos de valor y belleza. Y a pesar de que no le parecía la idea y que le tenía un aprecio personal a ese cristal no podía decir que no, pues todos habían escuchado la petición de Olixer, el rey quitó de su brazalete el cristal, lo apretó un poco fuerte entre su mano y se lo dio a Olixer. Luego de entregárselo, la música y la danza comenzaron de nuevo. Después de dejar al rey, Olixer buscó a su hermano, quien lo esperaba con una sonrisa de oreja a oreja y le hizo un gesto para que se sentara al lado de él en una banca. Olixer le mostró el cristal y le susurró su alegría. Al observar con cuidado, quedaba demostrado que tenía razón acerca de la joya; el cristal era de recuerdos.

No perdamos más el tiempo estoy ansioso –dijo Luxuri –. Pero Olixer le comentó que mejor tenían que esperar, que había muchas personas cerca. Entonces

Olixer tomó el cristal, lo colocó en su brazalete, y después se unió al baile con su amiga Ayris y otros amigos más que estaban en la fiesta, con los cuales se divirtieron hasta el amanecer.

Las danzas de la fiesta habían logrado causarles un enorme cansancio, y por eso al regresar a casa sentían sus pies como de gelatina, pero al cruzar la puerta pareció que todo el cansancio se fue. Olixer colocó el cristal en la mesa le pareció extraño que pareciera que este tenía unas pequeñas grietas ya que antes de que el nix se lo entregara parecía estar impecable. Aun con eso intentó acceder a los recuerdos impregnados en el cristal. Entonces pasados unos segundos Olixer hizo una cara como de duda, pero no gesticuló una sola palabra, entonces nuevamente intentó ver los recuerdos.

¿Qué pasa? ¿¡Qué es lo que ves!? –preguntó con ansias Luxuri, pero Olixer mantenía su cara de misterio –.

Es muy extraño, solo hay unos pocos fragmentos de recuerdos –respondió Olixer – hubo una reunión de reyes en un lugar que no conozco, entre ellos estaba nuestro padre, solo que no sé si es algo reciente o fue hace mucho tiempo. También hay una batalla muy feroz, en las faldas de un volcán… Inténtalo tú –agregó Olixer colocando la pequeña esfera en la palma de la mano de su hermano–.

Luxuri cerró los ojos para concentrarse más, logró ver una serie de imágenes confusas, que eran justo las mismas que su hermano le comentó haber visto.

Esto no tiene sentido –expresó Luxuri entre dientes –.

Ambos se sintieron muy frustrados pues esperaban encontrar una infinidad de recuerdos y entre tantos encontrar los del guardián o la ciudad de plata. El cansancio del desvelo y los bailes de la fiesta los invadieron y como el cristal no parecía develar más, lo dejaron en la mesa y se fueron a dormir.

CAPÍTULO 8
Información inesperada

¡VAYA, VAYA! Si son los parranderos –se escuchó la voz de Boxter quien sacudía con fuerzas ambas camas para que los jovencitos se despertaran–.

Olixer no tenía ganas de levantarse, pero Boxter movía con tal fuerza la cama que pensó que si no se levantaba la terminaría rompiendo.

Disculpen la molestia, pero la maestra Irina me pidió recordarles que la fiesta de su escuela es hoy y que tienen que estar antes de las cuatro –dijo Boxter –.

Aún falta mucho tiempo para eso –interrumpió Olixer –.

¿¡Qué dices!? –exclamó el gólem – ya es de tarde, apresúrense que solamente quedan un par de horas.

Ambos se prepararon rápidamente y salieron junto con Boxter. A esas alturas del día todavía no lograban asimilar que hubiesen dormido tanto. Mientras caminaban hacia el lugar de la fiesta Boxter no dejaba de reprocharles el hecho de no haberlo llevado a la fiesta del rey. Aun estando lejos ya lograban escucharse sonidos de flautas, gaitas y tambores. Sobre una hoguera había un becerro al carbón y mucha comida en una mesa larga colocada en el círculo de reuniones, allí la mayoría de los invitados ya se encontraban reunidos. Unos bailaban, otros contaban historias de combates, de hazañas recientes y de antaño. A la fiesta se hicieron presentes varias ninfas y dríades amigas de Irina. La fiesta fue muy buena y de agrado de todos los asistentes. Comieron, bebieron, cantaron, bailaron y disfrutaron hasta el amanecer, ambos quedaron tan cansados que no regresaron a su casa, se quedaron a pasar lo noche en casa de Irina.

Al día siguiente de la fiesta de Irina, cerca de la hora del mediodía ambos hermanos junto con Boxter fueron a la plaza central en busca de alguna novedad entre los vendedores. Olixer compró tres brazaletes con los cuales podía crear hologramas de sí mismo, por su parte Luxuri compró varios libros de pociones y criaturas mágicas del pantano que le parecían interesantes. Por su lado, Boxter parecía un niño en una tienda de juguetes, quería que le compraran de todo, pero nada era de su medida, razón por la cual estaba muy molesto. La plaza estaba llena de muchas ventas llamativas, algunas carpas tenían a la venta pociones y artilugios que nunca habían visto, otras tenían nombres diferentes, pero tenían un efecto similar a las que ellos ya conocían. Y aunque naturalmente abundaban los vendedores, entre tantos había uno cuya voz sobresalía entre todas. Alrededor de él se encontraba un buen número de personas, y es que él aseguraba tener "un producto para escapar de una esposa enojada o de la suegra entrometida". El vendedor colocó en el suelo lo que parecían ser unos trozos de espejo roto, ambos separados uno del otro y sobre cada uno se formó un círculo de color verde que flotaba. El vendedor entró en uno de esos círculos y salió por el otro.

¡Portales, portátiles! –grito el vendedor –¡A tan solo cincuenta reblis de plata!

Al oír el precio todas las personas que estaban alrededor de él se fueron hacia otros puestos de venta, incluso Boxter se fue, los únicos que quedaron fueron Luxuri y Olixer.

El vendedor se fue a sentar atrás de una mesa desilusionado, pues al aparecer no le iba también en las ventas. Luxuri se le acercó y le preguntó:

"Disculpe señor, ¿cómo es que funcionan esos portales?"

El vendedor lo miró con un poco de desprecio, pues pensó que el niño era un preguntón más.

Soy un hechicero –le contestó con un tono poco interesado mientras se peinaba con sus dedos una larga barba de color blanco – yo los fabrico, pero estas dríades y nenfis al parecer no tiene buen gusto, aparte de que son tacaños –continuó–.

¿Dígame cómo es que los crea? –preguntó nuevamente Luxuri –yo anteriormente he visto portales, pero no con trozos de espejo.

Existen tres tipos de portales, los que se hacen con zafiros de color negro o fingeritas, los que se hacen con trozos de espejo y hay otros que se hacen con magia pura, cada uno tiene sus ventajas y desventajas, los que yo vendo son los mejores pues los puedes llevar adonde quieras y utilizarlos sin necesidad de magia –replicó el vendedor–.

Pero y los que se hacen con magia pura… ¿cómo o cual es la forma de conjurarlos? –preguntó Luxuri –.

Esos son los más complicados e inestables, si no tienes la experiencia y poder suficiente puedes terminar en un lugar desconocido o terminar con la falta de alguna parte de tu cuerpo. Crear ese tipo de portales lleva décadas de aprendizaje –agregó el vendedor –.

Al mencionar la palabra "décadas" ambos hermanos cruzaron miradas. Luxuri siguió preguntando: "¿Usted sabe hacer ese tipo de portales?"

El hechicero no dijo nada, se movió de la silla donde estaba, sacó de la bolsa de su pantalón una varita que parecía una rama torcida decorada con perlas de colores, entonces levantó la varita a la altura de su pecho y la movió en círculos. En el aire se formó un círculo pequeño cuyo interior se asemejaba al pequeño muelle de la ciudad, luego realizó otro movimiento con su varita y el círculo se cerró lentamente. Ambos estaban admirados, pero más Olixer pues nunca había visto un portal.

Yo soy un aprendiz de mago –le dijo Luxuri –ya logré subir al segundo nivel y aprendo rápido.

¿No estabas prestando atención? –dijo el hechicero y se volvió a sentar –crear portales es un arte que lleva décadas aprender, además no tengo la gracia ni el tiempo que se necesita para enseñar.

A Luxuri no le pareció la respuesta, sintió el rechazo inmediato del hechicero, pero en lugar de parecer enojado, más bien se mostró interesado en comprar. Como no sabían si serían engañados o si realmente funcionaría, solo compraron uno. El hechicero les explicó la manera de usarlos, haciéndoles ver que solo se pueden usar dos veces y luego los trozos de espejo pierden la energía y ya no funcionan. Les aclaró que funcionan como par, si uno se rompe el otro deja de funcionar, y que el portal se abre si detecta que la intención de la persona por cruzarlo, o también puede activarse con un poco de magia. Inmediatamente después de comprarlo ambos fueron a poner a prueba el artilugio; colocaron un trozo de espejo en el suelo y el otro cerca de unas rocas a una distancia de unos cuarenta metros. Efectivamente los portales funcionaban a la perfección, al asegurarse que estos eran efectivos y fáciles de usar decidieron regresar donde el vendedor y comprar más.

¡Vaya, vaya! Al parecer les han gustado los portales, ¿cuantos más quieren? –pregunto el hechicero vendedor–.

Deseamos comprar quince –dijo Olixer–. Ante lo que el vendedor y su hermano se impresionaron, pues ninguno esperaba que pidiera tantos.

Con gusto pequeños nenfis, pero a ver, a ver. ¿Tienen el dinero suficiente para poder comprar tantos? –dudó el vendedor–.

Luxuri metió su mano en su bolsillo y sacó una puñada de reblis de oro.

Estamos muy interesados, pero necesitamos saber: ¿cuánto es la mayor distancia que se puede alcanzar de portal a portal? –cuestionó Olixer –.

Pues eso depende, los que ustedes se llevaron no pasan de cincuenta metros, tengo otros que pueden llegar hasta doscientos metros –agregó el comerciante–.

Eso no nos ayuda –le dijo Olixer –¿de cuánto es la mayor distancia que puede crear un portal?

Portátiles puedo crear de dos kilómetros, pero esos tienen un precio más alto, podría vendérselos en cien reblines de oro –dijo confiado hechicero –.

Estoy de acuerdo –interrumpió Olixer –es un precio justo, necesitamos que todos sean de dos kilómetros. ¿Cuándo los podría tener listo?

Tendrían que darme al menos un día para poder crearlos y la mitad del pago –explicó el hechicero –.

Muy bien –agregó Luxuri –. Y le pagó el dinero solicitado.

Los dos hermanos dejaron el puesto del hechicero y siguieron caminando por la plaza buscando en diferentes puestos de venta de artefactos u objetos que les parecieran útiles o interesantes.

Por la tarde del siguiente día ambos fueron a recoger su pedido, el hechicero los recibió con gusto.

Vienen a tiempo, les tengo una propuesta. Como me imagino que lo que quieren es irse de viaje sin caminar mucho, ayer utilizando una gran cantidad de magia logré crearles tres portales de dos kilómetros y los demás de cinco kilómetros, pero no sé si los desean. Les aclaro que por haberme ayudado en mis ventas estos portales no tendrá un costo extra –dijo amablemente el vendedor–.

A los dos les alegró mucho esa noticia. Luego de pagarle el costo y agradecerle ambos hermanos se fueron a seguir caminando por la plaza y vieron algo que les llamó la atención.

Había un vendedor de larga barba, muy grande y con una cabeza calva llena de tatuajes de letras. Este gritaba a viva voz: "¡Imitaciones, venga por sus imitaciones! Le tenemos las mejores imitaciones del mundo, venga por su espada mágica, por la corona del rey Artion o por la daga rota de la reina de Ascool".

Ambos se acercaron y vieron que efectivamente en una de las mesas había una imitación de la corona su padre, ambos pidieron que se las mostrara y pudieron comprobar que era igual. Y de no ser porque sabían que la verdadera se encontraba en la cabeza de su padre hubiesen pensado que era la original. Allí, había muchos objetos de fama histórica, algunos los reconocían y otros no, en lo alto de una repisa estaban colocadas cuatro hermosas espadas, ambos sabían que se trataba de las imitaciones de las espadas mágicas, en una esquina estaba el cayado mágico del legendario hechicero Armirion. Había muchos objetos interesantes de los que en algún momento de sus vidas ambos habían escuchado su historia y su valor. En un rincón de una de las mesas se encontraban unos objetos que nunca pensaron ver en ese lugar. Colocados en un soporte de madera estaban tres cuernos, eran las imitaciones de los cuernos de poder, casi corriendo los dos se acercaron y los tomaron, eran justo como en los dibujos de los libros; uno era de color negro mate decorado con argollas de color negro brillante, el otro era el más pequeño de los tres, era de color blanco hueso, decorado con tres argollas de platino y con varias esmeraldas incrustadas y el último era el más grande, estaba retorcido como un tornillo y parecía estar agrietado, era de color rojo, decorado con perlas azules y con una gran argolla de oro. Los tres tenían escritos sobre sus argollas los nombres con que se les conocían. A continuación, tomaron el cuerno de hueso y platino, pues ese era el cual tenían que buscar. Y a pesar de que no tenía el poder como los originales Olixer decidió comprarlo, pues eso venía a reforzar su plan, vio que había tres cuernos más, iguales al que necesitaban entonces decidió llevarlos junto con una pequeña carpa mágica que les serviría para acampar en su viaje.

Un par de carpas más adelante encontraron un lugar que vendía pastelillos de chocolate con chispas de almendra. Luxuri sabía que ese era el postre preferido de su maestra, así que compró unos cuantos para regalárselos. Cuando llegaron a la casa de Irina, tocaron la puerta, la cual fue abierta por la persona que menos esperaban. Era el rey Leisar. Este les indicó que Irina no se encontraba, pero los invitó a pasar y a esperar que ella regresara. Al llegar a la sala notaron que no había nadie más, no lo podían creer, habían pasado todo un año entrenando para ganar en los juegos y de esa forma poder ver al rey, y de la nada se encontraba ahí, sentado en la sala de Irina. Ambos hermanos estaban desconcertados, se sentaron y tenían tantas ganas de hablar, pero no tenían idea de cómo iniciar la conversación, hasta que Luxuri rompió el silencio:

"Los anillos que entregó a los ganadores de los juegos son muy hermosos". A lo que el rey comentó: "es el premio justo".

Luego de darle un sorbo a su taza de té cambió drásticamente de tema.

Veo que ustedes son los nenfis de los que he escuchado hablar durante este festival, tenía muchas ganas charlar con ustedes, principalmente a ti –dijo refiriéndose a Olixer –me preguntaba por qué es que Fyorda el año pasado no viajó después de la primavera. Así que tú eres el aprendiz del que tanto me ha hablado.

No sabía que Fyorda fuera amiga suya –le comentó Olixer –.

Fyorda –agregó el rey –es mi prima. Junto a ella fundamos esta ciudad hace más de quinientos años, luego de la guerra muchos buscaron rehacer sus vidas en bosques y pueblos y así fue cómo poco a poco esta tierra se fue llenando de más y más personas. Pero eso es punto y aparte –dijo y le dio un largo sorbo a su taza de té –ese salto que hiciste fue increíble, justo así saltaba el rey Artion cuando éramos niños y jugábamos en Imbler. Y tú –dijo refiriéndose a Luxuri –Irina me ha contado que tienes un gran talento, que eres muy parecido al mago Exley.

Ambos se sentían alagados, pues no esperaban que el rey supiera tantas cosas de ellos.

¿Sabes? –agregó el rey –no entiendo ¿por qué de entre tantas cosas que pudiste pedirme elegiste ese cristal?

Me gustan mucho las historias señor –contestó Olixer –y sé que ese tipo de cristal sirve para guardar recuerdos, pensé que estaría lleno de historias, de aventuras, viajes y batallas, pero no pude ver más que fragmentos que no logré entender.

El rey soltó una gran carcajada por lo que Olixer dijo.

Solo viste fragmentos, pues ese cristal está fisurado, aunque no lo parezca. Antes del festival tuve una batalla y fue ahí donde se dañó debido al ataque que un mago me lanzó. Ahora comprendo por qué pediste eso –dijo reflexivo el rey–.

Olixer quitó de su brazalete el cristal y se lo quiso entregar al rey, quien no quiso tomarlo de regreso.

Te recuerdo que es un regalo de mi parte y aunque tiene un apego sentimental ahora es tuyo –le dijo el rey–.

Y si ahora quisiera algo diferente, ¿estaría dispuesto a aceptar mi nueva petición? –agregó astutamente el muchacho–.

Me parece justo –le dijo el rey con interés –¿qué es lo que deseas?

El chico le entregó al rey el cristal y le comento cuál era su nueva petición y las razones por las que deseaba eso. Al rey le pareció una petición justa y noble, por lo cual aceptó.

Luxuri comenzó a hurgar en su mochila, fingía buscar algo, pero de manera intencional logró hacer que uno de los cuernos se saliera de la mochila y cayera al suelo. El rey vio el cuerno, hizo una cara de admiración, incluso se atragantó con el té. Ambos vieron la reacción sorpresiva del rey. Luego de tomar el cuerno el rey les preguntó: "¿de dónde sacaron eso?" Lo compré en una de las ventas de la plaza –le contestó Luxuri–. Ante lo que el rey suspiró con alivio y luego hizo una sonrisa.

Me sorprende la creatividad de los vendedores de artilugios –agregó el rey–.

¿Usted sabe la historia del guardián del cuerno? –preguntaron ambos jovencitos –.

Tras la pregunta el rey se acomodó en la silla.

Dicen que es un antiguo encantado, que fue maldecido por un poderoso brujo y por el rey Artieris, el padre del rey Artioris. El guardián hace ya varios periodos obtuvo la fama de ser el mejor guerrero de la historia, se decía que no había existido ni existiría nunca un guerrero como él. Después de la guerra en la ciudad Imbler, el guardián robó el cuerno Mintaka, con el fin de aumentar su poder, dejó de lado su lealtad y utilizando magia experimental logró convertirse en una criatura mística muy poderosa. Se dice lo maldijeron a vivir por siempre en soledad hasta que fuese derrotado en combate, la maldición se escucha sencilla, pero si tomas en cuenta que vivió entrenando toda su vida para ser invencible en combate, –dijo el rey –.

Al parecer sigues contando mal la historia –dijo una voz –.

Todos miraron en dirección de la voz, la cual provenía de una persona que bajaba la escalera de caracol de la casa de Irina. Era un hombre alto, vestía con ropas de color rojo, utilizaba una túnica con capucha decorada con escamas. El hombre se quitó la capucha y dejó ver un rostro muy extraño, sin barba, un poco pálido, con cabello corto y despeinado y unos ojos de color amarillo similares a los de una serpiente. Los hermanos no tenían idea de quién era esa persona de extraño aspecto.

Te esperaba al inicio del festival –le comentó el rey –.

Entonces el hombre se acomodó en un sofá y respondió: "he estado vigilando la frontera, ese es el motivo por el que no logré llegar a tiempo. ¡Perdón!". Y acto seguido saludó a los dos hermanos.

A veces olvido mis modales, mi nombre es Yarov, de Fidia –dijo el hombre –creo que están contando historias, lastimosamente la mente del rey falla en su precisión y muchas veces no cuenta las historias tal como en realidad sucedieron.

El rey no dijo nada solo se limitó a verlo y escucharlo.

El rey nos contó sobre el guardián y que nadie sabe dónde está la Ciudad de Plata –comentó Luxuri –.

El hombre suspiró y luego agregó: "nadie sabe con exactitud, hace once años cuando el cuerno Alnilan se utilizó, la tierra cambió y muchos bosques y ciudades desaparecieron. Y no solo eso. También aparecieron nuevas tierras y montañas que nadie conocía, por ello la mayoría de las criaturas místicas prefieren quedarse en tierras conocidas, aunque siempre existe algún osado que va más allá de lo que los mapas describen.

Sobre la Ciudad de Plata –mencionó el rey Leisar –hace unos meses que acampaba en lo alto de la Montaña del Gólem. Me encontré con tres nix, ellos comentaron sobre una ciudad al sur del bosque Korosta, a unos kilómetros de los pueblos mineros. Mencionaron que siguiendo la rivera del Río Bermejo se encuentra una ciudad cuya descripción es similar a la Ciudad de Plata, estos me aseguraron que habían visto al guardián, eso es lo único que he escuchado, pero nadie es tan tonto como para ir a esas tierras tan lejanas y corroborar esa historia.

En ese momento Irina y Fyorda entraron cargando un cesto lleno de comida, ambos hermanos al notar que su presencia era inoportuna y ya habiendo escuchado más de lo que habrían imaginado, le entregaron el presente a Irina y decidieron irse.

Desde que salieron comenzaron a comentar sobre todo lo que habían escuchado, estaban muy contentos, pues luego de tantos meses, al fin tenían una pista y no cualquier pista, era una información muy valiosa, que de ser real les ayudaría mucho.

Al llegar a la casa Boxter los estaba esperando con ansias, pues sobre la mesa tenía extendido un mapa y ambos hermanos no pudieron evitar clavar sus miradas sobre este. En él se encontraban dibujados muchos de los lugares que minutos atrás habían escuchado mencionar, como la Montaña del Gólem, el Bosque Korosta, el pueblo de los mineros y el largo trayecto del Río Longus.

¿¡Donde conseguiste este mapa!? –le preguntaron los hermanos–.

Le hice un favor a un viajero que había venido a la ciudad por los juegos –les respondió Boxter con tono altivo y orgulloso –por cierto, "gracias Boxter, esto es de gran ayuda" –agregó con sarcasmo–.

Este mapa es increíble –expresó Luxuri –con él podemos trazar una ruta hacia la Ciudad de Plata.

Aún no han visto nada –les dijo Boxter –el mapa es mágico, el que me lo dio me dijo que cuando emprendes un viaje, el mapa te mostrará las rutas y caminos a seguir, solo tienes que escribir en este apartado de aquí –dijo el gólem mientras señalaba una equina del mapa–

si escribes aquí el lugar de destino el mapa te mostrará la mejor ruta a seguir.

Dentro de unos días veremos la eficacia de este mapa –dijo Olixer mientras no lograba asimilar todas las cosas que estaban sucediendo, pues era difícil asimilar que apenas hace unos días no sabían mayor cosa y hoy tenían una pista muy certera sobre dónde buscar y un mapa – tenemos que planear cuándo partiremos, es un viaje bastante largo y hay que tener todo lo necesario para que sea un viaje provechoso.

Ambos hermanos hablaron durante varias horas, hicieron un listado de las cosas que necesitarían preparar para su viaje y asignaron su fecha de partida, la cual quedó definida para dentro de dos semanas.

CAPÍTULO 9
Un nuevo viaje

A PESAR DE ESTAR muy emocionados por su viaje, ambos hermanos sentían que los días pasaban muy lentos, pero al mismo tiempo se volvían veloces de alguna manera extraña.

Luxuri asistió sin falta a todas sus clases durante una semana. De hecho, le había pedido a Irina aumentar las clases de pociones con el fin de afinar algunas cosas. Sin embargo, la última semana ya no asistió, pues junto con su hermano dedicaron esos días a preparar las cosas que utilizarían y las rutas a seguir; Luxuri compró unos cuantos libros y muchas pociones. Un día antes de partir a su viaje el herrero de la ciudad les llevó un enorme mazo que le había solicitado, era como de tres metros de altura, de color negro enchapado con tuercas plateadas y le habían incorporado uno de los grandes cristales que sacaron del lago. En su metal tenía escrito un hechizo muy poderoso, además, un regalo de ambos hermanos para Boxter. Luxuri había tomado la referencia del diseño del mazo del famoso hechicero Elsov. Junto con el mazo iba agregada una espada de un metro que tenía similares características a las del mazo.

Durante la tarde un día antes de partir llegaron todos los magos aprendices de Irina y un par de ninfas y dríades jóvenes amigas a hacer una fiesta de despedida para los hermanos- Celebraron con asados, música y danzas, hasta un poco más de la media noche.

Debido al cansancio de la fiesta ninguno se levantó temprano, ni siquiera Boxter y como querían sacar provecho de la luz del día durante su viaje decidieron atrasar su partida un día y aprovechar lo que aún quedaba de la jornada para descansar. Durante el atardecer, mientras se encontraban en lo alto del acantilado, Fyorda apareció como un pequeño tornado de hojas y flores, llegó a despedirse de ambos, fue un momento muy triste, pero principalmente para Olixer, ya que Fyorda se había convertido en su maestra y amiga, pues la mayor parte del tiempo lo pasaba con ella, así que en su interior sabían que se harían falta el uno al otro.

Luego de que Fyorda se fue, ambos hermanos bajaron del acantilado y se dirigieron a despedirse de Irina. Entraron a la casa y se sentaron en los acogedores sofás y como siempre Irina los recibió con un té.

No me parece la idea de emprender este viaje –dijo Irina –hubiese sido bueno esperaran a estar mejor entrenados para seguir con su nashnite.

Los hermanos no respondieron, Olixer se concentró más en su taza de té y Luxuri en un pequeño retrato de un joven mago que descansaba en la repisa sobre chimenea. Ver aquel retrato de ese joven apuntando con su vara mágica le causaba emoción. El mago Exley –dijo luxuri en su mente –tan poderoso y talentoso como el legendario mago Ceres o como Elsov. Espero un día que mi maestra me coloque en esa repisa junto con todos sus mejores aprendices –pensó finalmente y luego comenzó a hacer oídos a las palabras de Irina.

Todas las palabras de la maestra eran totalmente ciertas, pero ya habían tomado la decisión de partir en un nuevo viaje. Ambos se sentían incómodos, puesto que a pesar de tener mucha confianza con Irina no encontraban las palabras para poder despedirse. Después de unas tres tazas de té, se escuchó que alguien llamaba a la puerta. Irina abrió, afuera se encontraba Boxter, quien también había llegado a despedirse. Aprovechando la situación ambos hermanos salieron de la casa y se despidieron también, le agradecieron por toda la ayuda que ella les había brindado y por todas las enseñanzas compartidas. Luxuri se hizo el fuerte para no llorar, aunque se encontraba muy sentimental.

Puedes llorar si quieres –le dijo Boxter de manera burlesca mientras le daba la mano a Irina–.

¿Tienes que protegerlos? –dijo Irina mientras le estrechaba la mano a Boxter, por su parte este respondió asintiendo con su cabeza. Olixer le entregó dos pergaminos a Irina, pero le pidió que no los abriese hasta que ellos hubieran partido.

Irina los tomó y les dio un abrazo a ambos y les dijo que quería volver a verlos, para luego escuchar de sus aventuras.

Sería bueno que un día visites Ascool, nuestra madre desea volver a ver a su amiga –dijo Olixer–. Irina se quedó sin palabras ante el comentario del chico, pues nunca se imaginó que ellos sabían sobre su amistad con la reina y menos que aun que ellos fueran los príncipes.

Nuestra madre nos ha hablado tanto de su amiga de antaño, la fabulosa Irina, supe que eras tú desde el día que te vi, sin oír tu nombre sabía que eras tú, nuestra madre nos mostró unos recuerdos donde aparecías tú –dijo el muchacho e Irina se sonrió mientras se sonrojaba–.

Era una escena muy sentimental. Pero la voz de Boxter interrumpió. ¡Hermoso! –expresó de manera sarcástica –siento interrumpirlos, pero tenemos que irnos, no quiero que nos atrasemos un día más.

Dicho esto, los tres regresaron a su casa en la cima del acantilado.

Tras los primeros rayos del sol los tres salieron de la ciudad, montando una carreta encantada. Su primer destino era al Bosque de las Mil Voces, de ahí tomarían la rivera del Río Longus, ya que según el mapa su caudal lleva la misma ruta que ellos necesitaban transitar.

Luego de avanzar tres días llegaron al Bosque de las Mil Voces. Este bosque estaba lleno de oréades, ninfas y kelpies y una infinidad de aves parlanchinas, en este lugar no se detuvieron mucho, solo un día, para poder descansar y recolectar algunas provisiones.

Encontrado el Río Longus, siguieron su rivera durante varias semanas hasta llegar a un pueblo de hombres llamado Guzna, en este lugar se llevaron una desagradable vista pues era un pueblo que servía de mercadeo de animales mágicos, así que por su propia seguridad pasaron de largo y a toda prisa, pues por ser jovencitos llegaron a pensar que los podrían asaltar o que podrían tener algún otro problema.

Siguieron durante semanas, vieron cómo la época de la primavera pasaba y el verano se hacía presente con su abrumador calor. En estas tierras tan lejanas el verano era mucho más pesado que en Ascool, a razón de esto su avance fue más lento. A su paso por la rivera encontraban pequeños caseríos y pueblos de humanos, lo cual fue de mucho beneficio ya que esto permitía que se estuvieran abasteciendo de provisiones y también les servía como refugio para hacer una pausa y descansar.

Llegaron al punto del mapa en que el río hacía un desvió que los llevaba cerca del bosque Korosta, este los llevaría varios kilómetros al este, como sabían que el río retornaba su curso atrás de la Montaña del Gólem, decidieron dirigirse hacia la Montaña y de paso alejarse de Korosta, en su mapa mágico se trazaba un camino más directo hacia esta montaña, su idea de seguirlo tenía dos objetivos: el primero era recortar distancia y el otro acampar un par de días ahí para recuperar energías y tal vez, solo tal vez encontrar a los nix de los que habían escuchado.

El camino trazado por el mapa los hizo pasar por el borde de un páramo desolado. Fueron varios días los que avanzaron por ese camino. No se encontraron con nadie, al oste hasta donde la vista alcanzaba no había nada más que cientos de muñones de árboles quemados y un suelo de color gris como la ceniza que humeaba en diversos puntos, habían un silencio perpetuo, había tanto silencio que el sonido de las ruedas de la carreta parecía una cantera que se podía escuchar a kilómetros, cuando se encontraban en lo que el mapa marcaba como la mitad del camino que bordea ese páramo desolado, los hermanos escucharon un canto sutil, una dulce voz que entonaba una canción triste que provenía del interior del páramo , tuvieron la intención de adentrarse y averiguar de quién se trataba, pero reflexionando pensaron que era muy sospechoso y que incluso podría ser una trampa. Por ello siguieron de frente hasta llegar a la Montaña del Gólem.

Más que una montaña realmente era una colina de unos noventa metros de altura. Sobre sus faldas había una enorme estatua de roca con la forma de lo que parecía ser un enorme gólem recostado, no sabían con exactitud cuanto medía, pero era de unos cinco metros, en el camino que llevaba a la cima había restos de gólem de roca y árbol , Boxter se sintió incómodo y no dejaba de mirar por todos lados al ver tantos restos de gólem, justo en la cima de la montaña había tirado en el suelo un enorme gólem de roca y madera, este a diferencia de los otros estaba intacto, al parecer llevaba mucho tiempo ahí, ya que incluso sobre su espalda había crecido pasto.

Después de poner la carpa se sentaron sobre el césped amarillento y comenzaron a comer, encendieron fuego, pero uno mágico el cual no emanaba humo y cuya luz no se dispersaba a más de tres metros.

Estás muy callado Boxter –comentó Luxuri –Boxter lo miró fijamente y contestó: "¿ahora sí quieren que hable?, durante todo el camino me han pedido que deje de cantar y ahora sí quieren que hable".

Este lugar es muy lúgubre –agregó Luxuri tratando de eludir las palabras de Boxter –parece que hubo una gran batalla en este lugar, hace mucho tiempo.

Más bien hubo una masacre –añadió Boxter –no sé si lo notaron, pero solo hay restos de gólems, no hay restos de nadie más.

Podría ser que fuera una batalla sólo de gólems, –sugirió Olixer–.

Podría ser –asintió Boxter mientras observaba fijamente al gólem que estaba en el suelo –

Luxuri se encargó de limpiar un poco el lugar; con su magia movió varias rocas alegando que si debían quedarse unos días ahí quería tener un espacio más cómodo para poder practicar su magia.

El tercer día desde que llegaron a la montaña, mientras se encontraban vigilando los alrededores con el fin de encontrar a un nix, Luxuri observó a la distancia cómo la oscuridad perpetua se asentaba sobre el Bosque Korosta, pero no fue eso lo que llamó su atención. En el borde del páramo vio a una criatura que solamente había visto en uno de sus libros y de los cuales en Ascool había escuchado historias terribles, por un momento se quedó mirando fijamente con el fin de asegurarse qué era lo que estaba viendo. A la distancia se escuchó un extraño ruido, similar al de un cuervo, pero con la potencia del rugir de un león, enseguida Luxuri abrazó a su hermano y lo tiró al suelo.

Olixer estaba confundido no sabía qué pasaba, su hermano le pidió que no se levantara, a pesar de no saber qué sucedía siguió el consejo de su hermano. Ambos se quedaron con el pecho a tierra y se arrastraron muy lentamente hasta el borde de la montaña.

Mira –le dijo Luxuri –¿ya viste qué es?

Parece un buitre –opinó Olixer –pero sin alas y tiene brazos y piernas, ¿será una arpía? De raza quizás lo sea. –le contestó Luxuri –pero sin duda, eso mi querido hermano, es un cazador.

Olixer puso una cara de preocupación. Sabía quiénes eran los cazadores.

Pero ¿qué hará aquí? –se preguntó Olixer –al parecer buscaba algo o a alguien.

A una distancia de unos tres kilómetros, en la orilla del páramo se encontraba esta criatura, su cuerpo era de color blanco, con unos músculos muy marcados, su cabeza era roja, y tenía un pico como el de un buitre, en sus espaldas tenía lo que parecían ser alas, pero estas tenían aspecto de estar calcinadas, en su mano llevaba una red que brillaba como plata pulida y en su otra mano una espada de color negro. La criatura revisaba con sus manos los muñones de los árboles del páramo, parecía que buscaba algún árbol en específico. Los dos hermanos no dejaban de observarlo, tanto que pasaron una hora así hasta que se adentró más y ya no pudieron verlo. Ambos estaban muy preocupados, habían escuchado historias terribles de los cazadores.

Cerca de la puesta de sol unas fuertes ráfagas de viento comenzaron a azotar la montaña, un remolino se formó justo frente a los hermanos.

Del interior del remolino se formaron tres personas, eran tres nix de apariencia joven, con el cabello muy despeinado, incluso sus cejas estaban despeinadas. Y eran tan parecidos que los hermanos pensaron que aquellos deberían tener algún parentesco entre sí.

¡Vaya! –expresó uno de ellos mientras se deslizaba en el aire y se sentaba en una roca– dos pequeños nenfis y su marioneta, ¿acaso no saben que estas tierras son nuestras?

Solo vamos de paso –comentó Olixer –no queremos incomodarlos o invadir sus tierras.

Los otros dos nix no dijeron nada, pero se reían de cada cosa que el otro decía, parecían un poco locos.

¿Qué buscan por estas tierras tan lejanas? – preguntó uno de ellos–.

Buscamos la Ciudad de Plata –les comentó Luxuri–.

Lo que buscan no existe –les dijo uno de ellos, mientras otro se acercó a Olixer –o quizás si existe, pero no pueden ir caminando, solo se puede llegar volando, porque está en lo alto de un risco de rocas afiladas, pero solo son unos nenfis –agregó en tono de burla –no pueden volar, no saben hacer nada más que salpicar en el agua.

El tercero de ellos se acercó a Luxuri y le echó el brazo y comenzó a susurrar.

No les creas –les dijo –ellos mienten, la Ciudad de Plata está a quinientos kilómetros al este del pueblo de los mineros, en una isla hecha de plata, en el mar. Jamás llegarán, mejor regresen al charco de donde salieron.

Luxuri se molestó por ese comentario, pero fingió que no pasaba nada, esperaba de alguna forma sacarles información sobre la verdadera ubicación de la ciudad.

Mejor larguémonos de aquí –comentó uno de ellos –ya es hora de ir al páramo, en lugar de perder el tiempo aquí.

Al escuchar sobre el páramo ambos hermanos reaccionaron y les dijeron que no fueran a ese lugar, que habían visto a un cazador.

Los tres soltaron risas de burla, uno de ellos hasta cayó al suelo de tanto reírse.

Jamás un cazador podrá detenernos, podemos ser una ventisca –dijeron –una muy suave o ser un fuerte huracán, ¡somos imparables!

El que estaba tirado en el suelo se puso en pie y dijo: "¿y si comenzamos a divertirnos con estos pequeños nenfis?"

Uno de ellos dio un salto y se colocó a su lado.

Esa carpa parece muy bonita –dijo este –pero creo que se vería mejor como una cometa. Luego de decir esto dos de los nix se convirtieron en remolinos y lanzaron al aire la carpa, arrojándola muy lejos en dirección al Bosque Korosta. Luxuri al ver eso les lanzó dos hechizos que impactaron sobre ellos, quienes enseguida perdieron la forma de tornado, el otro al ver esto intentó arremeter contra Luxuri, pero Boxter se interpuso y le dio un fuerte empujón que sirvió de advertencia. Al ver al gólem empuñar su mazo decidieron marcharse. Los tres nix saltaron de la colina y salieron volando, dando risas en dirección del páramo.

Los dos hermanos estaban furiosos pues habían perdido su carpa y todas las cosas que habían dentro de ella, por suerte sus mochilas, que estaban fuera de esta, fueron tomadas en el aire por Boxter.

CAPÍTULO 10
Pueblos mineros

Ambos hermanos estaban muy molestos por la pérdida de su carpa, pues dentro de ella tenían guardadas muchas cosas gracias a las cuales su viaje había sido más cómodo. Entre estas: sus camas, una mesa multiusos, el mapa mágico y reservas de comida. A pesar de tener esta pérdida y estar un tanto molestos, al comenzar el día siguieron con su viaje, habían perdido el mapa, pero sabían que estaban muy cerca del pueblo de los mineros, entonces bajaron de la montaña y siguieron por la rivera.

Durante la tarde de ese día, Boxter que se encontraba sentado en la parte trasera de la carreta observó algo extraño en el cielo y les indicó a los hermanos. Vieron lo que parecía ser un par de nix, por momentos parecían ser invisibles y por momentos tener un cuerpo físico. Uno de ellos cayó al suelo y el otro en el río. Olixer se metió al agua y utilizando sus cualidades mágicas lo sacó rápidamente, para asombro de ellos, tanto la persona que había sacado del agua como el que estaba tirado en el suelo eran dos de los nix que se habían encontrado el día anterior. Ambos estaban heridos; el que cayó en el suelo estaba inconsciente, pero el que cayó en el agua a pesar de estar herido estaba consiente.

Fue… fue… –intentaba explicar con dificultad –¡fue el cazador, nos tendió una trampa!

Un grito se escuchó en el cielo, era el cazador, este montaba una especie de guiverno (dragoncillo), volaba a una gran altura dando vueltas a su alrededor como un ave de rapiña en busca de comida. Luxuri sacó de su mochila dos pequeñas pociones explosivas, les entregó una al nix y la otra a su hermano. Boxter empuñó su mazo del cual comenzó a destellar una luz de color azul. El cazador descendió y se colocó justo frente a ellos, sobre la espalda del guiverno yacía el cuerpo del otro nix, estaba envuelto en una red que brillaba. De cerca aquella criatura era más imponente, tenía unos dos metros de altura, parecía una mezcla entre hombre, buitre y león, lucía una melena rojiza que iba desde su cabeza hasta la mitad de su espalda.

El cazador desmontó y comenzó a hablarles con una voz aguda, como una mezcla entre hombre y buitre.

Saludos, criaturas desafortunadas, solo vengo por el nix. Este desafortunado –dijo refiriéndose al nix que estaba atado en los lomos del guiverno –no logrará llegar a su destino. Y ese otro –dijo refiriéndose al que estaba tirado en el suelo –no sobrevivirá. Tradicionalmente, me gusta llevar mis trofeos con vida, así que te llevaré, pero si tengo que matarte, lo haré –agregó el cazador mientras fijaba su mirada en Luxuri– ¡vaya!, jamás había visto algo igual, hueles a nenfis y también a mago, ¿¡un nenfis mago!? Creo que estoy de suerte, también te llevaré a ti, serás una pieza muy especial en nuestra colección. Según mi registro nunca nadie en este mundo ha capturado un nenfis mago. ¡Qué alegría ser el primero!

Acto seguido, el cazador desenvainó su espada y se dispuso a atacarlo. El nix empuñó con fuerza la poción explosiva que le habían dado, Olixer creó con su magia una espada pequeña de color celeste, Boxter se abalanzó sobre el cazador y le lanzó el mazo con una enorme fuerza, y aunque cazador logró evadirlo, no se percató que este no solo lo pasó de largo, sino que impactó justo sobre la cabeza del guiverno. El golpe fue tan fuerte que lo dejó sin vida en el instante, al ver a su criatura tirada en el suelo el cazador se enfureció y comenzó a pelear con Boxter quien lo enfrentaba con su espada.

Mientras, peleaba con Boxter, en un momento en que ambos se separaron un poco, Luxuri le lanzó el hechizo de soga, llamado "singa", lo cual hizo que alrededor del cazador se formara un nudo que lo atara, pero al cazador no le fue tan difícil romperlo. Sin embargo, esto lo distrajo lo suficiente para que Boxter tomara su mazo y le asestara un par de golpes con los que lo dejó tambaleando. El cazador aún no se recuperaba de estos golpes cuando Olixer y el nix le arrojaron dos frascos, estos le explotaron muy cerca, una de estas explosiones le logró arrancar un collar que llevaba puesto, no obstante, a pesar de haberle impactado con una gran fuerza el cazador seguía de pie, así que alzó su espada que destellaba energía y la empuñó con ambas manos dispuesto a seguir peleando contra Boxter, pero este con su mazo logró quebrarle la espada en tres pedazos. Luxuri le siguió lanzado en repetidas ocasiones su hechizo iskrym, pero lo que lo hizo caer fue que Olixer le lanzó la espada golfina y esta impactó sobre una de las piernas.

El cazador, estando al borde de su inminente fin, comenzó a correr hacia unos árboles, de un solo tiro se logró quitar la espada de su pierna y la dejó tirada, solamente se llevó su espada rota, Boxter lo siguió hasta cierto punto del bosque, pero luego lo perdió de vista.

Al regresar Boxter gritó con tono de burla: "¡Lo hicimos pedazos!"

Tuviste un buen combate, fue impresionante –le dijo Olixer –.

Eso es natural en mí –fanfarroneó Boxter–.

Luxuri se acercó dónde estaba el nix que el cazador había capturado, para intentar ayudarlo, pero notó que este ya había muerto. Entonces se dirigió al que estaba tirado en el suelo y comenzó a atenderlo, utilizó su magia y algunas pociones para evitar que este muriera, y aunque tardó mucho tiempo logró estabilizarlo, y luego fue a ayudar al otro nix.

Después de ayudarlos a ambos, Olixer y Luxuri se aproximaron al cuerpo del guiverno. Luxuri estudiaba minuciosamente el cuerpo de aquel dragoncillo, desde muy pequeño siempre quiso ver un dragón, aunque sea un pequeño guiverno. Viendo que podía sacar un poco de provecho de aquella situación Luxuri sacó unos frascos y unas carteras y le extrajo un poco de sangre, también varios colmillos, uñas, un par de cuernos y un puñado de escamas. Mientras su hermano sacaba todo lo que podía del guiverno, Olixer le quitó la red brillante que envolvía al nix, el pequeño nenfis vio que en la montura del guiverno había una pareja de bolsos, como la curiosidad lo venció, los abrió y dentro vio que había un libro de una pasta rígida y vieja de color café, también varios dardos, unos frascos cuyo contenido daba la impresión de poseer algo aterrador y también tres pergaminos. Pero lo que más llamó su atención fue que había un gran contenedor de cristal como de medio metro y de forma cilíndrica, dentro de este contenedor yacía una pequeña silueta de lo que parecía ser una mujer con piel semejante a la corteza de un árbol.

Ella es Eltira, –se escuchó la voz del nix –¡Maldito cazador! –expresó con odio –era la única oréade que sobrevivió al incendio que consumió el bosque durante la guerra entre gólems y grifos, apenas vivía en un muñón de roble rojo, con mis hermanos íbamos al páramo visitarla a menudo, justo en esa labor estábamos cuando fuimos sorprendidos por ese cazador, no entiendo cómo pudo sacar su espíritu del árbol. Eltira, le dijo el nix a la pequeña silueta que se encontraba boca abajo aparentemente llorando. Cuando el nix pronunció por segunda vez el nombre de Eltira, la pequeña silueta levantó la cabeza y soltó un grito mudo. Saltó de emoción al ver al nix. No te preocupes, encontraré la forma de sacarte de ahí y llevarte a un hermoso lugar –agregó –.

Si tu hermano ya terminó lo que sea que esté haciendo –sugirió el nix –es mejor que nos vayamos de este lugar.

Me parece una buena idea –agregó Olixer–.

Todo listo –les dijo Luxuri mientras se aseaba con un pañuelo–.

Después de subirse todos a la carreta se fueron del lugar. Aunque el cazador se fue muy mal herido, no había forma de estar seguros si volvería en algún momento. Avanzaron durante la tarde y parte de la noche; se refugiaron bajo las ramas de un gran árbol, estando en ese lugar, Luxuri siguió ayudando a los nix.

Me llamo Vendaval –les dijo el nix que estaba menos herido –les agradezco el habernos ayudado a pesar de que mi hermano les haya arruinado su carpa.

Es lo que yo no comprendo –lo interrumpió Boxter –por mi parte los hubiéremos dejado ahí, lo único bueno de haberles ayudado es que me divertí pelando.

Boxter ¿podrías dejar de ser tan duro y hacer lo que te pedí? –agregó el muchacho–.

Boxter, aunque molesto se dispuso a hacer la tarea que Luxuri le había encomendado.

Nos advirtieron, pero no hicimos caso –suspiro Vendaval –el cazador nos tendió una trampa, muy elaborada. De algún modo sabía que iríamos al páramo. Íbamos a visitar a Eltira, es amiga desde hace ya varios años, él y esa criatura que monta nos emboscaron, intentamos pelear, pero fue tan sorpresivo…Apenas logramos huir, pero mi otro hermano no tuvo tanta suerte, creí que ya estaba muerto, de haber sabido que aún estaba con vida, hubiera seguido peleando.

Tu otro hermano se pondrá bien –le mencionó Luxuri con el fin de consolarlo– sus heridas ya casi se cierran, una sesión de curación más y otra poción bastarán para que despierte. Realmente es fuerte, las heridas hechas con armas hechizadas son muy difíciles de curar, pero él ha mostrado una gran mejora.

¿Qué hacen un par de nenfis como ustedes, en estas tierras tan lejanas? –les preguntó vendaval –¿qué buscan?

Buscamos la Ciudad de Plata –le respondió Luxuri –estamos en una misión y necesitamos llegar a esa ciudad.

El nix los miró desconcertado, vaciló por unos segundos y luego agregó: "¿A que irían a ese lugar? Si no hay nada, solo un pequeño castillo, no habita nadie más que el guardián, además solo hay una forma de llegar sin ser vistos por el guardia y esa es tomando el río Bermejo que atraviesas justo en medio del castillo, pero antes de llegar a este, el río atraviesa un largo acantilado lleno toda clase de criaturas voladoras.

Bueno, nuestro mapa lo perdimos –dijo Olixer, pero luego recordó que tenía un mapa menos actualizado que el que habían perdido, y que les podía servir de referencia para que Vendaval señalara donde se encontraba la ciudad–.

El nix tomó el mapa y una pluma y comenzó a trazarles unos dibujos de montañas, una ramificación del río, la cual no aparecía en el mapa anterior. El pueblo de los mineros se cambió a facciones y colocó otros pueblos cuya existencia no aparecía en ese mapa ni en el que perdieron. Vendaval dibujó muchas cosas sobre el mapa, no solo les señaló el camino a seguir también señaló los lugares peligrosos con el fin de que los evitaran. Después de terminar con el mapa les dijo mientras señalaba: "en este lugar justo entre estas montañas, hace años estuvo nuestro hogar, nuestro habitad, después de la separación la mayoría de los nix desaparecieron, nuestras tierras fueron invadidas casi de inmediato por unos magos y después por criaturas voladoras que provenían del bosque Korosta. Estas montañas no las puede escalar nadie, están hechas de rocas inestables y afiladas, la única forma de llegar es volando sobre ellas".

El camino sobre el río Bermejo es aún más peligroso, el río Bermejo sale del río Longus –les aclaró Vendaval –pero a partir del punto en que cruza por las facciones el río pasa a ser llamado río Bermejo, este cruza por los acantilados, el cual está custodiado por un sin fin de guivernos; todo el que viaja por ese lugar no tiene escapatoria, estarían rodeados de las paredes rocosas de las montañas, la única forma de llegar a su destino es ir al pueblo de los mineros y luego seguir por la llanura, pero el guardián los vería llegar. Si existe un modo menos peligroso sería ese, pero aun no comprendo a que irían, en los últimos años hemos viajado con mis hermanos en esta época del año, esperando el día en que esas bestias y magos hayan muerto, justo hace unos días sobrevolamos la Ciudad de Plata. Recuerdo cuan asombrosas eran las fiestas en esa ciudad.

La ciudad era como Ascool, solo que en lugar de joyas esta tenía plata en abundancia.

Entonces lo mejor es ir al pueblo de los mineros y luego evaluar cómo viajar por la llanura – sugirió Luxuri a su hermano–.

Al parecer es lo mejor –le contestó este –.

Luxuri se puso de pie y se dirigió hacia la sombra del árbol. Ahí tenían al nix recostado en la carreta, le aplicó la pócima sobre sus heridas, que casi estaban cerradas en su totalidad. Vendaval le colocó su mano en la frente y le transmitió un poco de la energía que ya había recuperado, entonces el nix abrió los ojos por un momento.

En la mañana del siguiente día, Olixer se despertó primero, luego despertó a su hermano y notó que los dos nix se habían marchado.

¿Adónde fueron? –le preguntó Olixer a Boxter –¿qué se hicieron?

Con los primeros rayos del sol el que estaba tirando en la carreta se puso en pie y junto con el otro se transformaron en algo como vapor de agua y se fueron volando hacia el sur y se llevaron con ellos el cilindro. Al parecer solo querían que los ayudaran a sanar, se fueron sin siquiera darles las gracias–terminó diciendo Boxter –un adiós hubiese sido bueno.

Luxuri se sintió un poco incómodo y anonadado, había sido muy gentil al ayudarlos a pesar de que ellos se habían burlado de él, pero solo pensó que habían sido descorteces.

Desayunen rápido, tenemos que avanzar, ya tenemos un par de días aquí y podría ser peligroso –apresuro Boxter– hay que ir a esas dichosas facciones.

Estás en lo cierto, hay que movernos –añadió Luxuri –no sabemos si ese cazador aún está vivo o si hay más rondando por estas tierras.

Ja, ja, ja, ja, –irrumpió la risa sarcástica de Boxter – ¿en serio crees que quedó vivo? Quedó más roto que las ilusiones que tu hermano tenía con Ayris.

Olixer lo miró y entrecerró sus ojos con enfado, le hizo un gesto como que le daría un puñetazo al gólem y sin mencionar palabra alguna solo con el movimiento de sus labios dijo "cállate". Luxuri giró su mirada con gran asombro hacia su hermano, justo en el momento que le hizo el gesto con su mano al gólem. ¡Lo sabía! –exclamó Luxuri –sabía que te gustaba Ayris, acéptalo –Olixer quiso responder, pero no pudo mencionar palabra alguna, solo se sonrojó como un tomate–.

Ya cállense los dos quiero desayunar tranquilamente –les gritó Olixer en tono molesto –no todo el tiempo se puede desayunar carne de dragón.

Los tres reunieron las pocas cosas que tenían y salieron con rumbo hacia las facciones mineras, siempre vigilantes del cielo, pues, aunque las montañas afiladas estaban a la distancia, temían que alguna criatura voladora los observara desde el cielo y los atacara.

Avanzaron durante varios días hasta que por fin lograron llegar a las facciones mineras, estas estaban ubicadas en las faldas de una pequeña montaña rocosa, y aun faltando varios kilómetros para llegar se podía ver una enorme torre de aspecto peculiar y una continua columna de humo.

Frente a ellos se ubicaba un muro de no más de seis metros de altura, pero sí, de apariencia sólida, hecho con grandes bloques de roca. En el centro de estos se ubicaba una gran puerta hecha totalmente de metal, decorada con árboles y ollas. La puerta era custodiada por dos grandes torsos de metal de apariencia semihumana, ubicados uno a cada lado.

Justo al pasar la puerta había un arco que decía. "facción de mineros". El lugar era muy concurrido, había un gran movimiento de personas, algunos humanos, pero la gran mayoría eran pequeños hombrecillos barbados y arrugados que medían entre un metro veinte y un metro treinta. Olixer le preguntó a su hermano de qué raza eran esos extraños seres con estatura de niño y rostro de viejo. Ya los conocía por historias, pero quería estar seguro de qué raza eran. A lo que este respondió: son leprechaun, son seres mágicos, tiene un tipo de magia singular, mucho menor a los magos, por lo que he leído son de carácter tranquilo, siempre y cuando no te metas con sus tesoros.

A medida que se iban adentrando notaron que había un gran movimiento de un lado a otro y en la calle se encontraron con varios caminos hechos de rieles de metal que provenían de túneles sobre la colina y otros bajo del suelo. Sobre estos rieles se movían de un lado a otro una gran cantidad de vagones pequeños cargados de tierra y rocas que eran empujados por algunos leprechaun, y los más grandes eran empujados por unos enormes gólems. Otros vagones llevaban lo que parecía hierro y carbón en estado mineral, esa parte de la ciudad era una zona de trabajo minero, a pesar que avanzaron con paso lento lograron salir de ahí, justo al hacerlo había otro arco aún más grande que el primero hecho completamente de metal, este decía en unas letras brillantes de cobre: "Facción de herreros".

El lugar era casi igual de concurrido que la facción anterior, solamente que este era mucho más ruidoso, martilleos por todos lados, hornos a fuego vivo, el vapor emanaba con gran fuerza, la temperatura se elevaba drásticamente, había chisporroteos de yunques por todos lados. A simple vista se podía notar que creaban en su mayoría placas de hierro, aunque también se notaba que esculpían piezas finas como lámparas en forma de lianas de árbol, flores de metal, vasos, platos y engranes de toda medida.

Llegaron a otro arco en las afueras del pueblo, este era de metal, pero estaba moldeado con forma de ramas de árboles, tenía un letrero que decía: "Bienvenido a las facciones comerciantes". Al entrar a este lugar parecía que los tres estaban viendo la plaza central de Gelendo durante el festival de primavera, había vendedores por doquier, solamente que no había mayor variedad de producto, en su mayoría eran objetos de metal, herramientas de todo tipo, flores, copas, y la mayoría de la ropa que había colgada en los estantes eran enchapadas en metal. Se podían ver muchas estatuas muy grandes de dragones, unicornios, aves. Todas en un color rojo brillante hechas de cobre; y todas estas pequeñas estatuillas tenían la peculiaridad que se movían por su propia cuenta.

Pasado el lugar encontraron un arco más, estaba hecho de madera y tenía pintada en letras de color amarillo "Facción de fondas y hostelerías".

A partir de ese arco el ambiente era muy diferente, el ruido era mínimo, las casas eran en su mayoría altas, muy altas, parecían de cuatro pisos. Estaban hechas de grandes bloques de roca, en su mayoría tenían carteles de variados nombres, como "Taberna metal y chispas", "Hostelería mesa de plomo", "Salón de apuestas el martillo roto".

Había un lugar llamado "Trébol de hierro", y como la puerta estaba abierta Olixer bajó de la carreta para echar un vistazo. Enseguida que entró sintió como su nariz se percataba del molesto olor a ropa sudada mezclada con el olor como si algo se estuviera quemando. Apenas había puesto un pie dentro y un hombrecillo vestido con ropas sucias y manchadas que llevaba unos guantes y casco de los que usan los herreros gritó: "¡nenfis no!" Olixer hizo un gesto de duda e inquietud pues el grito fue muy pesado, casi de inmediato todos los hombrecillos que estaba sentados se pusieron de pie y fijaron su mirada sobre Olixer, este supo que no era bienvenido, entonces rápidamente salió y se subió a la carreta.

Avanzados unos cien metros, había un local que les llamó la atención, su nombre era "Hostelería la posada de los gólems". Nuevamente Olixer fue a echar un vistazo, la puerta era enorme, estaba hecha de cobre, tenía unos cuatro metros alto y unos tres metros de ancho. Entró con más precaución, el lugar era enorme y a diferencia del primer sitio al que entró, este no tenía mal olor, de hecho, el sitio contaba con un olor agradable a comida, había pocas personas, un hombre que se encontraba detrás de una repisa le dio la bienvenida.

Olixer al ver que este lugar parecía ser el correcto le hizo un gesto a su hermano y a Boxter para que estos entraran, a Boxter le pareció extraño que lo llamaran ya que en ningún lugar que habían visitado podía entrar por su tamaño, eso sin mencionar que la mayoría de los muebles no podrían resistir su peso. Con un poco de desconfianza Boxter entró, tenía la idea de que quizás había algún problema y que Olixer lo necesitaba.

Enseguida, al entrar Boxter, el mismo hombre que había saludado a Olixer, le salió al paso.

Con gusto puedo ofrecerles una mesa y un suculento plato de comida si me hace el favor de dejar su mazo y espada por aquí –le dijo mientras señalaba lo que parecía ser una enorme bola de plastilina, en la cual había una enorme hacha que por su tamaño parecía ser de un gólem–.

Boxter lo vio con un poco de duda a lo que el hombre respondió: "no se preocupe si usted la coloca ahí le aseguro que nadie se la robará, es un objeto mágico, una vez colocada el arma solo puede ser retirada por quien la colocó". Todavía con dudas Boxter colocó su mazo y su espada.

¡Excelente! –expreso el hombre –mi nombre es Camel, pasen esta mesa es justo para ustedes.

Les mostró una mesa enorme de metal, que por lo visto estaba hecha para un gólem. A los tres les parecía peculiar aquel enorme lugar. Tenían unos pocos segundos de estar en las sillas y mesa cuando estas se acoplaron mágicamente a la estatura de cada uno.

Camel llegó donde ellos y les mencionó una larga lista de platillos que podían pedir. Mientras el hombre hablaba Boxter tenía su mirada fija en otro lugar, en la otra esquina se encontraban dos gólems; uno de metal y otro cuyo cuerpo era una mezcla de roca y metal, parecía que tenían una menuda charla, pero lo que más llamó su atención era que tenían la mesa llena de jarras vacías.

¿Y para el gólem que será? –interrumpió la voz de Camel –¿qué te gustaría pedir?

Boxter no supo qué decir pues no tenía ni idea de qué le hablaba. Camel al ver que Boxter no contestaba le dijo: "tengo Elixir de gólem.". Las palabras "Elixir de gólem" asombraron a los tres.

Quiero una de las que toman aquellos de la esquina –indico Boxter, y acto seguido Camel se fue a donde parecía ser la cocina–.

En apenas un par de minutos llegó un hombrecito similar a los que Olixer había visto en Trébol de metal. Este hombrecillo era un tanto diferente a los leprechaun, más alto, como de un metro y medio y definitivamente era menos arrugado que los leprechaun; se miraba limpio, con una barba finamente recortada, cargaba una enorme bandeja en que llevaba la comida que habían pedido y justo cuando se paró frente a ellos, cada plato flotó suavemente hasta posarse en la mesa. Asimismo, ocurrió con los vasos sin que se derramara una sola gota.

Los hermanos comenzaron a comer con gran ánimo, tenían días de no disfrutar de una comida preparada por alguien más o beber algo diferente al agua. Habían pedido comida como que fuese para cuatro personas, el único que parecía no moverse era Boxter quien miraba fijamente el enorme vaso que le habían servido, el vaso era de metal, pero se lograba ver que el líquido era de color verde y burbujeaba.

Creí que querías probar eso –apuntó Olixer quien tenía en la boca una enorme costilla–.

Boxter dio un largo suspiro, tomó el vaso y le dio un largo sorbo, ante lo cual los hermanos pausaron su masticar para observarlo.

El gólem hizo un gesto de aprobación y nuevamente le dio otro sorbo dando a entender que la bebida era de gran calidad. Para Boxter esa era la primera vez que se podría decir que consumía algo, eso sin contar las pociones de gólem, aparte de eso no se alimentaba de nada.

Comúnmente los gólem se alimentan de energía que sus amos les proveen de algún modo, en el caso de los gólem de estirpe se dice que tienen un núcleo de energía, similar a un corazón en el centro de su pecho, ese núcleo es el que hace que se muevan y tengan autonomía, en este tipo de gólem, el núcleo tarda aproximadamente un año en madurar, posteriormente a eso es autosustentable y ya no necesita que su amo le transmita energía. Antes de que este núcleo madure, se le pueden estar dando con regularidad pociones de gólem las cuales les permiten crecer o aumentar su fuerza física de forma más acelerada. Después de esto, las pociones solamente sirven para aumentar la fuerza de forma temporal.

El elixir de gólem no era más que una poción de gólem, pero más ligera, burbujeante, de color y sabor diferente, esta solo producía un aumento de energía temporal de apenas una hora. A diferencia de las pociones de gólem de Gelendo, las cuales otorgaban un aumento de energía mayor y más prolongado.

Luego de dar el primer sorbo Boxter continuó hasta que se la terminó. Apenas puso el vaso en la mesa llamó a Camel y le pidió dos más. Instantáneamente dos jarras aparecieron para él.

Al terminar la cena, un pequeño pergamino y una pluma aparecieron también la mesa, esta era la cuenta, en ella se hallaba detallada cada cosa que se consumió y su respectivo costo. Al final del pergamino estaba escrito algo muy peculiar. Estaban escritas dos frases una decía "pago mediante trabajo" y en la otra decía "quinientas coronas de cobre". Al lado de cada frase había un pequeño cuadro en el cual se tenía que señalar la opción de pago.

Como no sabían a cuánto equivalían quinientas coronas cobre, Luxuri llamó a Camel y le mencionó que no tenían ese tipo de monedas, pero le aseguró que podían pagar con reblis de plata.

Camel no tenía idea de que era un reblis, pero sabía el valor una moneda de plata. Luego de tomar las monedas Camel llamó a otra persona de nombre Bononi. Casi al instante justo frente a ellos apareció un leprechaun como de un metro veinte de altura, llevaba puesto un sombrero de copa que dejaba entrever un cabello rojizo. Aunque tenía ya unas arrugas bien marcadas en su frente daba la impresión de ser joven, Camel le dio unas monedas de plata para que este verificara si eran de plata pura, el hombrecito hizo un gesto dando la aprobación de las monedas, y sacó de una de las bolsas de su pantalón varias monedas de cobre y se las dio de cambio.

El hombrecito volvió a desaparecer junto con todos los trastes sucios de la mesa.

Por lo que veo no son de por aquí –les dijo Camel –¿son de Gelba? Ante lo que ambos hermanos entrelazaron miradas sin saber qué responder.

"Gelba", no habían escuchado en sus vidas ese nombre y no lo habían visto en el mapa. Olviden mi pregunta –siguió diciendo Camel quien pensó que el silencio de los tres era porque les disgusto su pregunta–.

Pero cuando se dispuso a retirarse de la mesa, Luxuri le preguntó: "¿sabe de un buen lugar donde podamos descansar de manera segura un par de días?"

Camel soltó una carcajada y les dijo: "este es uno de los mejores lugares para descansar, este lugar tiene una doble función. A ver: esta parte de la casa es usada como una fonda respetable y la parte trasera y los otros cuatro pisos son habitaciones de alquiler, si gustan les puedo ofrecer un lugar cómodo para los tres".

Si piensan quedarse tres días les costará trecientas monedas de cobre –agregó Camel –ni más ni menos.

Nos parece una buena idea –añadió Olixer –pero ¿qué tal si por un breve aumento de precio nos permite un lugar donde guardar nuestra carreta?

Me parece justo –respondió Camel amablemente –mandaré a alguien para que lleve su carreta a la parte trasera, ahí estará segura.

Vengan –les dijo y los llevó hacia un largo pasillo muy alto y ancho; en la entrada del pasillo apareció nuevamente Bononi –él los llevará a la habitación donde pueden quedarse –menciono finalmente el señor Camel y se retiró–.

Aquí es –les dijo y les entregó la llave tan grande como una cuchara –disfruten su estadía.

El lugar era muy amplio, lo suficiente como para que dos gólems del tamaño de Boxter se acomodaran. Ambos entraron y soltaron sus pesadas mochilas en el suelo y se tiraron a la cama, Boxter se acomodó en una banca de metal. Ambos hermanos pasaron discutiendo un rato sobre de qué raza era Camel, ya que era muy alto para ser un leprechaun y muy bajo para ser un humano. Además, el aspecto de sus ojos era extraño, parecían estar enfermos o quizás tenía días de no dormir y a eso se debía el fuerte rojo sus ojos, pues no había notado ese detalle en otros que habian visto en su recorrido. Finalmente dedujeron que podría ser una cruza de razas. Y de hecho aquel hombrecillo que les había servido la comida, no era un leprechaun ni un humano, tal como lo sugirió Olixer era un cruce entre la raza de humanos y leprechaun. A esta raza se le conocía como huprechauns, su estatura rondaba entre un metro con cincuenta centímetros y algunos llegaban a ser más altos con un metro con sesenta centímetros. Estos comparados con los leprechaun eran físicamente más fuertes, pero tenían unas cualidades mágicas casi nulas, sin embargo, contaban con una gran inteligencia para crear artefactos de metal.

Ya estamos cerca –musito Olixer mientras apretaba una suave almohada –solo son unos kilómetros.

Lo sé –respondió Luxuri mientras se quitaba las botas y preparaba para darse un baño– pero por ahora creo que sería bueno que averigüemos más de esa ciudad y del guardián.

Tienes toda la razón –bostezo Olixer –espero que no sea difícil encontrar esa información –dijo finalmente y se quedó dormido–.

Un par de horas después de haber llegado se escuchó que alguien tocaba la puerta. Como Olixer estaba dándose un baño Luxuri atendió la puerta.

Buena noche –dijo Bononi de manera amable –el señor Camel me pidió recordarles que si desean algo estamos a sus órdenes.

¿Podría ser algo de comer, una almohada extra, o un libro? ¿Podría traerme un elixir de gólem? –se escuchó la voz de Boxter en el fondo de la habitación–.

El leprechaun escribió en un pequeño pergamino la petición y preguntó si necesitaban algo más.

Disculpe ¿será posible que tengan un mapa de estas tierras? Es que mi hermano extravió el nuestro y necesitamos corroborar algunas cosas –dijo el muchacho –nos sería de mucha ayuda.

Por supuesto –agregó el hombrecito mientras escribía agitadamente en su pergamino–estará en un momento.

Apenas Luxuri cerró la puerta, en una mesa de metal que había en la habitación apareció el enorme vaso de cerveza y un pergamino que parecía estar nuevo, este pergamino era un mapa. Luego de que su hermano se incorporó ambos lo analizaron, este era similar al mapa que corrigió Vendaval, con la diferencia que tenía agregados muchos más lugares. Después de las facciones aparecían unas ciudades muy grandes al oeste, entre estas ciudades estaba Gelba, y varios pueblos pequeños,

Esto está excelente –expresó Olixer a su hermano –hace varios días que el destino nos sonríe, conseguiste tan fácil este mapa, parece que todo es un sueño.

Ja, ja, ja –se carcajeó Luxuri –espero que las cosas sigan así, pero por ahora mi hermano –dijo mientras daba un largo y fuerte bostezo– hay que descansar.

Por primera vez en el día dices algo con lo que estoy de acuerdo –dijo Boxter –váyanse a dormir ya, los he escuchado suficiente por este día.

Claro…, señor –le dijo Olixer en tono sarcástico –le haremos caso a su majestad.

El pequeño aprendiz de mago ya llevaba varios días analizando una y otra vez las instrucciones de aquel libro, había preparado una larga mesa llena de frascos e instrumentos necesarios, todos finamente ordenados y ubicados en el justo lugar. Días atrás había memorizado cada paso a seguir, la cantidad y el orden de cada ingrediente. Así que hasta que por fin estuvo seguro de todo comenzó a trabajar. El brebaje llevaba por nombre "dominación fantástica", y como su nombre lo indica, esta bebida crea un dominio total hacia cualquier tipo de especie, ya sea salvaje o civilizada, es decir: todo aquel que consuma esta bebida estará atado al mando y voluntad del creador de dicho brebaje. Su preparación: sangre y uñas de dragón (cualquier tipo de dragón, entre más grande y viejo es el dragón más fuerte y duradero será el efecto), un gramo de polvo de oro verde, dos metros de tela de araña de río de doce patas, dos colmillos de arpía y un frasco con niebla del Bosque Korosta, todo ello puesto a hervir sobre fuego rojo durante dos horas y agitado con fuerza sin parar.

Una vez terminado aquel brebaje tendría la textura de la mermelada, con un tono morado oscuro.

El joven aprendiz tuvo éxito, la consistencia y tonalidad eran las indicadas, solo hacía falta probarlo.

¿Con quién pruebo esto? –se preguntó el chico y recordó que en el establo había visto unas cuantas ratas, entonces bajo a buscarlas y helas ahí, al menos media docena de estas comiendo las sobras del maíz tirado en el suelo, así que hizo levitar una rata tan grande como un gato y se la llevó hacia la habitación, tomó un trozo de pan y lo llenó con aquellas sustancias de apariencia deliciosa, estaba a punto de dársela a comer a aquella rata cuando su hermano quien lo había visto durante días afanarse en leer aquel extraño libro que le había tomado de entre las pertenencias de cazador. *Pociones oscuras*, tenía escrito en la pasta.

¿Sabes que si haces eso te estarías convirtiendo en un brujo? –cuestionó Olixer – ¿verdad?

Luxuri lo miró con frialdad y pensó profundamente en las palabras de su hermano; sabía que estaba en lo correcto, era un brebaje considerado oscuro por el efecto abrumador que lograba sobre cualquier ser. Se pausó durante un largo rato, su mirada estaba ida.

Mi hermano tiene razón, he fabricado algo que es considerado totalmente malo, algo que solo hacen los cobardes, aquellos que se dejan llevar por sus más bajos deseos de dominio y poder –pensó el muchacho –pero esta es una simple rata de establo… ¿dediqué tanto tiempo a hacer esto y no probaré si funciona? Fue una verdadera suerte que el cazador llevara consigo una bolsa con todos los ingredientes necesarios –continuó –los cuales son extremadamente difíciles de encontrar.

Entonces recordó unas palabras que su madre le había dicho en cierta ocasión. "Recuerda en la historia cuan grandes daños se pueden hacer buscando un bien ególatra".

¡No lo haré! –caviló –decido no hacerlo –se susurró para sí mismo mientras gesticulaba un rostro levemente triste, no porque ya no pondría aprueba el brebaje, sino porque se había dejado llevar ciegamente por su afán de ser mejor mago.

Después que dejó ir la rata, Luxuri tiró al fuego de la chimenea el trozo de pan y un bote que contenía el brebaje

Tomaste una decisión muy importante hoy mi querido hermano –declaro Olixer –y con respecto a este libro –agregó mientras lo alzaba –disfruté leer junto a ti, tiene cosas muy interesantes y de mucha utilidad, pero esto no puede caer en manos equivocadas, es mejor deshacerse de él.

Luxuri le quitó el libro a su hermano y lo arrojó al fuego, estuvo a punto de tirar al fuego otros dos libros titulados: "Las debilidades de cada especie y cómo aprovecharlas" y "Las cárceles de Korosta". Ambos libros los había tomado de la bolsa del cazador, pero no le permitió tirarlos, alegando que aún no terminaba de leerlos, pero que luego lo haría. Pues solo quería aprovechar al máximo la información contenida en cada libro.

CAPÍTULO 11
Guerra, historias y tratos

Boxter se encontraba caminando cerca de la facción de herreros y se le ocurrió ir a la fonda a pedir elixir de gólem, ahí se encontró con dos gólems, quienes lo invitaron a sentarse con ellos y charlar, luego de un rato los tres salieron del lugar.

"Brutal" se hacía llamar uno de estos gólems, el cual era enorme, de unos cuatro metros de altura, tenía aspecto de ser una enorme tortuga bípeda hecha de roca, parecía que su creador lo hizo con la idea de infundir miedo. El otro se hacía llamar "Ramiek" y era de la misma altura y complexión que Boxter, pero con unos brazos tan grandes que le llegaban a sus tobillos, estaba hecho totalmente de un metal negro, y en donde debía tener su puño izquierdo, llevaba una enorme bola con picos de hierro. Los gólems invitaron a Boxter a recorrer junto a ellos las facciones. Le explicaron que ellos al igual que otros diez gólems tenían el trabajo de cuidar las diferentes facciones, hacer rondas durante todo el día y en algunas ocasiones durante la noche. Era un trabajo simple, ya que no había mayor situación en la cual intervenir y la labor era pagada con favores; ya sea con alguna mejora a sus cuerpos o con un par de los tan queridos elixir de gólem.

Al recorrer la ciudad Boxter se percató que había muchas más facciones, estaba la "facción de comercio verde" en la cual se vendían, hortalizas, frutas, hierbas y especias. Aunque no caminaron dentro de ella Ramiek le comentó a Boxter que había una facción de agricultores y que esta era la facción más grande de todas.

También estaba una facción muy pequeña que tenía el nombre de "facción de trueque" en esta se intercambiaban cualquier tipo de objetos o se hacía un trabajo o favor a cambio de algo de valor similar. En ese lugar había muchos gólems beta, la mayoría hechos de madera o arcilla, no eran de gran altura o de una fuerza abrumadora, pero sí lo suficiente como para hacer algún tipo de trabajo que sería difícil para un huprechauns. Los dos gólems le comentaron con orgullo a Boxter que tenían suerte de ser gólems omegas, ya que por ser de ese tipo podían hacer lo que quisieran. Boxter les comentó que de donde él venía a su tipo se les llamaba: gólems de estirpe. Aunque esto no tuvo mayor relevancia o importancia. A lo que sí le dieron importancia fue cuando Boxter les explicó la razón por la que estaba junto a aquellos pequeños nenfis. No entró en detalles, pero sí les esclareció que se encontraban en una misión importante. A los dos gólems les fue agradable escuchar a aquel nuevo e interesante amigo, a tal punto que le sugirieron pedirle trabajo al regidor de las facciones y acompañarlos cada tarde a degustar del elixir de gólem.

Ambos hermanos se alertaron al escuchar el sonido fuerte de una campana ubicada en lo alto que aquella singular torre, afuera se escuchaba un gran movimiento de personas, no tenían idea de qué era lo que sucedía, así que se acercaron tan rápido a la ventana que casi la rompen.

Afuera las personas corrían de un lado a otro, los negocios cerraban rápidamente sus puertas. Entre tanta gente corrían filas de hombres y huprechauns vistiendo armaduras y blandiendo espadas. Todos se dirigían al muro exterior de la ciudad. Ambos quedaron sin palabras al ver cómo un grupo de arañas hechas de un reluciente bronce, cuyo tamaño variaba, desde el tamaño de un gato hasta ser tan grandes como una vaca, corrían hacia el muro exterior.

Se escuchó una voz muy fuerte en toda la ciudad, a los hermanos les dio la impresión de que esta voz se generaba justo en su habitación, pero no sabían de dónde podría venir. La voz decía: *A todos los extranjeros que se encuentran dentro de nuestras facciones tienen una hora para salir y marcharse hacia sus pueblos o ciudades de origen, para su salida solo estará habilitada la puerta norte, la cual permanecerá abierta nada más una hora. Cada facción tiene que estar alerta, los extranjeros que decidan quedarse estarán en la obligación de tomar las armas. A los ciudadanos les pido estar atentos a las órdenes del regidor, los gólems alfas estarán activados desde este momento, los gólems betas y omegas que no tiene tareas asignadas pueden acudir a la casa roja y ponerse disposición del regidor.*

Todo el escenario resultaba muy confuso, casi imposible de digerir en corto tiempo.

Tenemos que salir de la ciudad –le sugirió en tono ansioso Olixer a su hermano–.

¿Pero adónde iremos? –le preguntó Luxuri –creo que mejor averiguamos qué pasa y luego decidimos.

Tienes razón –le dijo Olixer –¿dónde está Boxter?

Hace un rato escuché que salió, pero no tengo idea donde estará –le comentó Luxuri –.

Una serie de golpes muy apresurados y fuertes se escucharon en la puerta, Olixer abrió, era el señor Camel.

Disculpen, pero no sé qué decisión han tomado, si piensan irse tiene que ser ya, –les comentó –debe ser pronto.

¿Qué es lo que pasa? –preguntaron a coro los dos hermanos –.

No lo sé con exactitud, pero cuando esa campana suena es por dos cosas. Uno: es porque hay un ataque de criaturas aladas y la otra razón es porque hay una amenaza de ataque a las facciones, pero por el tiempo que el regidor ha dado para salir de la ciudad, lo más probable es que sea un ataque de algún ejército.

Mientras Camel hablaba vieron como varios de los residentes del lugar salían a toda prisa.

Un leprechaun llegó a la puerta y les indicó que subieran a la azotea. El señor Camel salió de prisa, Olixer lo siguió, Luxuri se quedó un momento y conjuró un encantamiento de viajero para que todas sus pertenencias se empacaran solas y estuviesen listas a su regreso.

Al subir a la azotea Luxuri vio que había varias personas en los techos de las otras casas, todos usando telescopios. Luxuri alzando su amplia vista de nenfi notó a lo lejos en la llanura, filas y filas de huprechauns, todos armados usando sus brillantes espadas, ondeando banderas y cargando armas de asedio.

¡Es un ejército invasor! –expresó con voz aterrada el señor Camel mientras movía unas roscas de su telescopio para poder enfocar, aunque no se encontraban muy lejos –¡esos enajenados huprechauns!

Creo que nos hemos topado con una guerra –le dijo en tono muy preocupado Luxuri a su hermano –.

Pero, pero parece que no vienen hacia aquí –comentó un leprechaun cercano –.

¡Tienes razón! –dijo en tono de alegría el señor Camel –parece que van hacia las montañas afiladas.

Estando arriba vieron cómo Boxter llegaba al edificio.

Boxter ya apareció hay que irnos –exclamo Olixer y bajaron a toda prisa –.

Al llegar a la habitación todas sus cosas ya estaban listas. Pero justo antes de salir pensaron que era mejor idea quedarse, pues, aunque no parecía ser un ataque podría haber la posibilidad que se encontraran con algunas tropas en el lado norte de la ciudad.

Pasó el tiempo. Ya tenían dos semanas de que el ejército de huprechans había acampado en la llanura, en los últimos días habían llegado refuerzos desde el norte y el oeste. La ciudad no se había abierto aun, nadie podía entrar o salir.

El desconcierto y preocupación seguían, a pesar de que el regidor de la ciudad había aclarado que la misión de dicho ejercito era emprender un ataque sobre las criaturas voladoras que habitaban en las montañas afiladas, este ataque buscaba exterminarlas y así poder tener libre el paso para llegar a las arenas de oro, este tesoro que se encontraba en lo más profundo de las montañas afiladas. Además, el conquistar esas montañas abría el antiguo camino que facilitaba el comercio con muchos pueblos del noroeste, asimismo permitía tener acceso al cañón del riachuelo, lugar donde abundan las piedrecillas de oro.

Era la hora del almuerzo, los dos hermanos se encontraban en una mesa de la fonda. En medio: una gran cantidad de comida y vino.

No entiendo por qué tanta codicia por ese oro de las montañas –comenzó a hablar el señor Camel mientras metía y metía comida a su boca –ya ha habido incontables muertes, no tiene ni cinco años que terminó la guerra entre gólems y grifos por esas arenas de oro –siguió diciendo y se froto con fuerza sus ojos, los cuales estaban como como ensangrentados y un poco inflamados– ¡ese oro está maldito!

Sería mejor que nos aclare qué son esas arenas de oro que acaba de mencionar –le comentó Olixer –nos ayudaría a entender mejor el panorama.

Gran Caelum, así se llamaba ese país, era un montón de islas flotantes, –inició el relato el señor camel –el último gran reino de los nix. La ciudad flotante fue atacada y cayó hace miles de años, desde ese entonces las montañas afiladas se convirtieron en la nueva tierra de los nix y los grifos, se cuenta que estos vivían en armonía entre los restos de la ciudad y las montañas. Los grifos hacen sus nidos escarbando con sus garras y picos sobre esas paredes rocosas, cuentan que de estas brotan piedras de oro –continuó –estas piedras son apiladas por los nix en el suelo y luego son convertidas en arenillas, los nix hacen esto para facilitarles su traslado cuando viajan por los aires de un lado a otro. Los pocos que han podido ver este tesoro cuentan que es una duna hecha de polvo de oro tan alta como la montaña del gólem –tomó aire y agregó –hace años cuando fue la separación de las tierras, una gran parte de los nix se encontraban en el país de Shartar, un pequeño reino de nixes, lamentablemente esto coincidió con la separación mágica, estos nix desaparecieron junto con este reino. En la montaña solo quedaron un pequeño grupo de nix jóvenes y grifos –dijo Camel, se sirvió más vino y siguió con su relato –y como cualquier tesoro mal protegido, este comenzó a desearse. De Gelba y de la Ciudad de Plata salieron ejércitos que pretendían matar a los grifos, pero no tuvieron mayor oportunidad, la superioridad mágica y física de los nix y grifos era ineludible. Poco tiempo después de eso, el rey nenfis del país de Nelba contrató a un grupo de magos para encargarse de los nix y los grifos. Crearon un maléfico plan, durante meses construyeron un gran ejército de gólems hechos de roca y roble rojo.

Luego de un silencio los muchachos estaban desesperados por querer seguir escuchando la historia.

Fueron cinco años de guerra –agregó Camel rompiendo su silencio –hasta que un día cuando la cantidad de grifos y nix se había visto diezmada, decidieron abandonar sus tierras y volar hacia un nuevo hogar. El rey de Nelba hizo un enorme banque en honor a esa victoria. Pero la alegría no les duró mucho, apenas habían logrado poner un pie en las montañas afiladas cuando ocurrió una separación más. Al norte muy cerca de la montaña del gólem apareció el tenebroso bosque, al que todos le llaman Korosta. Cuando todo parecía estar en favor del reino de Nelba, del bosque salió una enorme cantidad de criaturas voladoras, arpías, buitres cornudos, guivernos y esas letales serpientes con alas.

Después de arrasar con todos en las montañas –dijo Camel en tono cansado –se dirigieron a terminar el trabajo, destruyeron la ciudad de Nelba y quemaron el bosque de robles rojos que estaba a su alrededor. Era un bello reino –suspiró con tristeza Camel –ahora no es más que un páramo humeante y desolado. Y no solo eso, posteriormente estas bestias fueron llegando una por una hasta hacer su madriguera en la Ciudad de Plata.

Desde entonces la zona del cañón, las montañas afiladas y la Ciudad de Plata son territorios dominados por las criaturas aladas –concluyó Camel –.

Olixer y Luxuri no habían probado comida alguna, habían pasado muy atentos durante todo el relato. Cuando Camel dejó de hablar Olixer tomó una enorme pierna de un cerdo mangalica y comenzó a comer, Luxuri siguió la idea y se sirvió la otra pierna, pero como sabía que el señor Camel ya estaba un poco pasado de vino, pensó que fácilmente podrían seguirle sacando más información.

He notado –le dijo Olixer mientras llenada de vino el vaso al señor Camel –que hay unos túneles. No se ha dejado de trabajar día y noche en ellos, son la única área de la facción de los mineros que no ha parado a pesar de la alerta, pero no veo que extraigan metal, solo he visto que sacan vagones de tierra y rocas... ¿Por qué perder tanto tiempo en ese agujero donde no hay más que rocas y tierra?

¡Ja! –expresó el señor Camel y tomó un largo sorbo de vino hasta que dejo vacío el vaso –ese agujero del que tú hablas es la más grande idea y esperanza de este pueblo para ser nuevamente ricos, ese no es un agujero común y corriente, es un enorme túnel, el más grande construido, son kilómetros y kilómetros.

¿Pero hacia dónde va? –preguntó Luxuri y le sirvió más vino –.

Ese túnel va hacia la Ciudad de Plata –respondió Camel –es imposible llegar a esa ciudad por arriba, porque ese guardián no deja que nadie se acerque, así que las facciones decidieron hacer ese túnel y extraer la plata que está bajo ese castillo, en las profundidades donde el guardián ni siquiera lo notará.

No entiendo por qué es que hay un ejército acampando para poder atacar a las criaturas aladas que hasta donde sé son muchas –dijo el muchacho –¿acaso no sería mejor atacar el castillo y eliminar al guardián que es una sola persona?

Se escuchó la gran carcajada del señor Camel y de otros dos leprechaun que estaban en la mesa, pero el señor Camel cayó de espaldas junto a su silla y se quedó dormido.

La Ciudad de Plata está hechizada –le respondió Bononi –.

Por su parte, el otro leprechaun que los acompañaba no había dicho nada en toda la cena, se parecía mucho a Bononi, con la única diferencia que tenía un aspecto físico de mayor edad, tenía el cabello y la barba con risos de color naranja. Este leprechaun cuyo nombre es Rowan miró fijamente al señor Camel y cuando se aseguró que este ya hasta roncaba y no escucharía su conversación comenzó a hablar.

Hace años ese castillo nos pertenecía, mi abuelo era hermano y tesorero del rey Arihaan –comenzó a relatar Rowan–recuerdo cuan bella y rica era nuestra ciudad – hizo una pausa para tomar aire y prosiguió –el rey tenía temor de ser invadido algún día por las muchas riquezas, entonces los leprechaun junto a un poderoso mago al que llamaban Ceres, encantaron la ciudad, ningún ejercito puede invadir el castillo, todo aquel ejercito que intenta entrar, pasará por el castillo como el agua entre las manos, por esa razón no se puede atacar con un ejército al guardián.

Cuando los Nelbanos invadieron las montañas afiladas, el rey Arihaan se unió a la invasión con la mayor parte de sus guerreros, pero este tuvo la misma suerte que los Nelbanos. Al perder la guerra los pocos que sobrevivieron regresaron al castillo, pero las criaturas aladas los siguieron y quemaron el pueblo que rodeaba el castillo y a sus habitantes, mi abuelo junto con el rey y un grupo de personas lograron huir –suspiro Rowan–y se asentaron en estas facciones.

Se corrió la noticia de solicitudes de magos y guerreros valientes para poder ir y sacar a esas criaturas de la ciudad, pero nadie aceptaba ese desafío, hasta que un día dos guerreros de las tierras lejanas de Ascool vinieron y se ofrecieron a eliminar a cada bestia, a cambio de tener la mitad de la plata que estuviese en las arcas del reino y una petición más, pero esta última se la harían saber al rey hasta que el trabajo estuviese hecho, ante lo cual el rey aceptó el trato, dudando mucho del éxito de la misión, pues era casi imposible.

Recuerdo que estaba en la cima del reloj colocando esa campana cuando vi con mis ojos una enorme nube negra –voceo con dramatismo –se escuchaban gritos y aleteos despavoridos, las criaturas huían del castillo y regresaban a las montañas. El rey decidió ir con un grupo de soldados a la ciudad para corroborar que la tarea había sido cumplida. Al llegar comprobaron que todas las criaturas habían desalojado el castillo y el pueblo. El rey siendo fiel a su palabra, confirmó a los dos guerreros que la plata se les entregaría, pero cuando el rey pregunto cuál era la petición final todo cambió.

Uno de los guerreros sacó de entre su túnica aquel maldito artilugio que hizo que al rey casi se le saliera el corazón del pecho –agregó alterado –era un cuerno mágico. El guerrero le pidió al rey darle un lugar en el castillo para poder proteger el cuerno, ya que ningún ejército podía entrar al castillo y de esa forma estaría seguro, el rey se negó rotundamente a aceptar, sabía que a pesar de que no podía ser invadido el castillo siempre habría un modo de que algún mago o rey con ansias de poder quisiera tener en sus manos ese poderoso objeto. La charla se convirtió en discusión y la discusión en pleito. El rey y sus acompañantes arremetieron contra aquellos guerreros para quitarles la vida, pero fue inútil. Por suerte, mi padre y el rey lograron huir y sobrevivir a sus graves heridas.

Con el paso del tiempo el rey contrató magos para poder vencer al guardián –agregó –pero nunca nadie de los que fueron lograron regresar con vida.

¿Y qué paso con el rey? –preguntó Boxter quien no había hecho nada más que escuchar y tomar elixir de gólem –.

La salud mental y física del rey fue decayendo muy rápido, hasta que un día hace un par de años tomó una espada y se fue hacia la ciudad –el leprechaun soltó un largo suspiro seguido de tomar un buen sorbo de su copa de vino y terminó su relato –y jamás nadie lo volvió a ver.

No entiendo –comentó Olixer –¿acaso los magos que fueron eran mediocres o qué? Es que no puedo creer cómo es que un mago no puede derrotar a un simple guerrero.

No es tan sencillo –le respondió Rowan– el guardián no es un simple guerrero, dicen que con la ayuda de magia transformó su cuerpo y obtuvo ese gran poder. Después de robar el cuerno en Ascool huyó hacia estas tierras.

¿Entonces es imposible vencer al guardián? –preguntó Luxuri –¿o no?

Entre los leprechaun había un profeta. Mi abuelo recuerda que en cierta ocasión este dijo: "Ese cuerno no estará para siempre en la Ciudad de Plata, la maldición del guardia caerá cuando sea vencido por aquellos que en ese momento son más débiles que él, esta derrota será a las puertas de la tierra donde se maldijo. El cuerno será tomado por aquellos que vienen de las tierras de piedras preciosas".

El silencio de hizo presente, no se escuchaba nada más que los ronquidos del señor Camel. Los dos hermanos en silencio analizaban en sus mentes aquellas palabras proféticas, "aquellos que vienen de las tierras de las piedras preciosas". Ese término lo utilizaban mucho los humanos de antaño para referirse al país de Ascool.

Eso más parece un trabalenguas –agregó Boxter–.

Este al igual que los hermanos analizó aquellas palabras, pero comentó eso tratando de eludir lo ineludible.

Boxter tiene razón –agregó Luxuri –tratando también de evadir el hecho de que aquellas proféticas palabras se referían a ellos dos, es una maldición bastante complicada de romper, se supone que fue entrenado para ser el mejor guerrero de la historia, pero su maldición reside en ser derrotado por alguien que es más débil que él.

Luxuri alzó sus hombros en señal de que estaba confundido.

De eso no tengo idea –dijo Rowan y se encogió de hombros –.

¿Y cómo es el guardián? Me refiero físicamente hablando ¿y qué tantas habilidades tienen para ser tan infalible? –preguntó Olixer –.

Eso sí lo sé –dijo el leprechaun e hizo aparecer un pergamino en la mesa –esto es un retrato que mi abuelo pintó. Este es el guardián.

Los dos hermanos abrieron desorbitadamente sus ojos, visualizaron al ser que durante un año y medio habían buscado. Si Boxter hubiese tenido ojos como los de una persona de carne y hueso también se le hubieran abierto desorbitadamente.

En el retrato ya figuraba un ser como ninguno de ellos hubiera imaginado, tenía un aspecto fuerte como un soldado, su rostro asemejaba al de un león de color gris y su cabello era azul oscuro. No llevaba armadura, solo unas grebas en sus manos y pantorrillas y un cinturón con una hebilla en forma de herradura, parecía de dos metros de altura, tenía músculos muy definidos. En su cuerpo y rostro tenía unas grandes cicatrices, sobre su pecho y hombros llevaba incrustados unos trozos de metal y alrededor de su pecho una aljaba de la cual colgaba el cuerno mágico.

Luxuri echó su cuerpo hacia atrás de la silla al igual que su hermano. Por un momento divagaron en un torbellino de pensamientos, a los dos les pareció aterrador, incluso Boxter se mostró sorprendido.

¿Aterrador verdad? –preguntó Rowan y enrolló el pergamino –creo que incluso al mago Ceres le sería imposible vencer al guardián.

Olixer agarró su vaso y le dio un gran sorbo y luego preguntó tartamudeando qué tan cierto era que el guardián posee un punto débil, ante lo que los dos leprechaun soltaron una larga y fuerte carcajada.

No la tiene –dijo Rowan en medio de la carcajada –.

Como ya consideraban que habían escuchado suficiente los dos hermanos se retiraron de la mesa y se fueron a la habitación, al entrar Luxuri se sentó en una silla, su rostro asemejaba tristeza y decepción.

Olixer se encontraba en la misma situación. Durante un momento se mantuvo pensativo, luego sacó de su mochila la espada que su madre le había regalado y se puso a pensar si su madre se habría encontrado en algún momento en una situación similar. Decidió pensar de manera positiva y recordó la razón por la que la espada estaba rota y cuan fuerte y valiente había sido su madre durante esa pelea.

¿Podrías decirme tu plan para poder robar el cuerno? –le preguntó Luxuri interrumpiendo el silencio –.

Boxter entró en ese momento cargando una enorme jarra con elixir de gólem y al parecer escuchó lo que Luxuri dijo ya que comentó que quería saber también del plan.

Olixer se acercó a su hermano, tomó el mapa de la llanura, con una pluma trazó algunas líneas y comenzó a narrarles su plan. Fue muy descriptivo y detallista al explicarles cómo podrían robar el cuerno y sobre cómo usaría cada uno de los objetos que habían reunido a lo largo de su viaje.

Al terminar de explicar su plan, el rostro de su hermano había cambiado totalmente, tenía una mezcla de admiración y al mismo tiempo de felicidad, dicho plan le pareció viable.

Me cuesta creer que hayas planeado esto tú solo –le dijo Boxter mientras Luxuri gesticulaba una risa como respuesta y Olixer devolvía un gesto de enfado –lo único que no veo es qué haré yo.

Eso es algo que hemos querido hablar contigo –le contestó Olixer con seriedad –hemos hablado durante los últimos días sobre que queremos liberarte.

¿¡Que quieren qué!? –expresó Boxter y su estado de ánimo se volvió molesto y eufórico– ¿entonces les soy un estorbo?, ¿creen que no tengo alguna cualidad o algo para poder ayudar?

¡No! ¡no! –respondieron ambos –pero…

Boxter se puso de pie y elevó más su voz.

…pero Boxter es que…–intentó decir uno de ellos–.

¡Es que nada! –expresó Boxter –.

Luxuri se paró y con toda su fuerza intentó empujarlo sin lograr si quiera moverlo. Entonces elevó su voz y le gritó: "¡es que no queremos que mueras!"

Boxter dejó de hablar. Un silencio sepulcral se hizo presente.

No queremos que te pase algo –siguió hablando Luxuri en un tono de voz más suave –esta es nuestra misión y no deseamos que alguien a quien queremos tanto le pase algo.

Sería muy doloroso para nosotros –añadió Olixer –por eso pensamos liberarte y que tú sigas tu propio camino y aventuras. En un principio el plan era conseguir un gólem beta y utilizarlo como distractor del guardián, pero tú eres nuestro amigo no podemos usarte de esa manera.

Boxter se mantuvo de pie, pero más calmado.

¿Ustedes creen que los sigo a todas partes porque creo que les debo algo? Si yo creyese en eso ya hace tiempo que los habría dejado o me hubiera quedado donde la maestra Irina –dijo el gólem –los sigo porque al igual que ustedes un día espero ver el reino Imbler y la invencible Ascool, de la que tanto he escuchado, la más grande ciudad jamás edificada.

Sabiendo que Boxter podría pasar día y noche argumentando que quería acompañarlos Olixer extendió nuevamente el mapa y finalmente dijo: "está bien". Tomó el mapa y le explicó a Boxter qué era lo que tenía que hacer. Boxter aún no parecía conforme, pero aceptó su tarea.

Buenas noches –se escuchó una voz que provenía de la puerta que se encontraba semiabierta–.

¿Que desean? –preguntó de manera tajante Boxter –estamos en una conversación privada.

No es tan privada, admirable gólem –comentó Rowan –quiero pedirles perdón por haber escuchado toda su conversación. Pero dejaron tan rápido la mesa que no dieron lugar a despedirnos de la mejor manera.

Nuevamente les preguntaré –inquirió Boxter –¿qué desean?

Si me permites terminar –le dijo Rowan– les haré una propuesta que nos traerá grandes beneficios a todos.

Pasen –les dijo Olixer y les hizo un gesto con su mano para que tomaran asiento –.

Tienen un plan muy creativo –dijo Rowan– pero no les funcionará. Hay un detalle muy grande que no han tomado en cuenta.

¿Cuál es ese detalle? –le preguntó Olixer –.

¿Alguno de ustedes sabe cómo es el castillo? –dijo –antes de que puedan si quiera echar una mirada al contorno el guardián ya los habrá descubierto.

¿Tú estuviste ahí? –lo interrogó Luxuri –¿puedes describirnos el interior del castillo?

Por supuesto –agregó Rowan y chasqueó los dedos –vean.

Frente a ellos apareció una maqueta de un pequeño castillo, tenía muros, torres, escaleras, jardines e incluso unas mesas bajo un árbol.

Esto –les dijo –está hecho a total semejanza del verdadero castillo.

Los dos hermanos se sentaron en el suelo para poder observar detenidamente la maqueta. Luego Luxuri preguntó: "¿y qué es lo que deseas?"

Solo deseo dos cosas –les dijo Rowan y chasqueó nuevamente sus dedos y la maqueta desapareció –nada más dos cosas. Dentro del castillo, sobre el trono del rey hay un libro, este contiene el encantamiento que rodea el castillo, si uno de ustedes atraviesa ese libro con una espada de leprechaun, el hechizo se debilitará.

Eso complica más las cosas –apuntó Olixer –solo el hecho de robarle el cuerno al guardián es casi imposible y tú quieres que me tome el tiempo para buscar ese libro.

Si tú atraviesas ese libro ya no habrá necesidad de que robes el cuerno, al debilitarse el hechizo, nosotros junto con un ejército de leprechaun entraremos al castillo, venceremos al guardián y yo mismo les entregaré en sus manos el cuerno.

¿Ah, sí? –cuestionó Boxter –¿de dónde sacarás ese ejercito?

Hay un bosque al sur, está lleno de los leprechaun que huyeron. Soy el único y legítimo heredero. Al escuchar que el hechizo está roto todos acudirán a mi llamado. No hay día en que nuestra gente no desee regresar a nuestra ciudad natal.

¿Y si quieres el cuerno para ti? –le preguntó Olixer–.

¡Jamás! –gimió Rowan –ese artilugio solo le ha traído desgracias a mi pueblo, no veo razón para mantenerlo más tiempo en el castillo.

¿Cuál es tu segunda petición? –preguntó Olixer–¿es algo más sencillo?

Quiero acompañarlos. No al castillo, pero sí lo más cerca posible y ayudarles. Durante años he meditado sobre las palabras proféticas del guardián. Yo sé que no son nenfis de Gelba. Habité varios años en ese lugar y sé distinguir a los lugareños.

Pides mucho –le dijo Luxuri –parece viable lo que dices, pero somos nosotros los que arriesgaremos nuestras vidas por una promesa de alguien que apenas conocemos.

¿Qué ganaríamos nosotros? –terminó preguntando –.

El sótano del castillo está lleno de plata, podría entregarles la mitad –dijo Rowan –.

En nuestras tierras abunda algo más valioso que la plata, no hay nada en ese castillo que valga tanto –le dijo Luxuri en tono presumido –.

Junto a la mitad de la plata les puedo ofrecer algo aún más valioso que la joya más grande que puedan tener –les aseguró Rowan –lo prometo.

¿Y qué es eso tan valioso? –le preguntó Olixer –.

Conocimiento y suerte –respondió Rowan en tono confiado mientras se quitaba sus guantes y les mostraba una serie de tatuajes en sus nudillos y en la palma de la mano –puedo enseñarles algunas artes mágicas que son exclusivas de los leprechaun, principalmente a ti –le dijo señalando a Luxuri –Bononi dice que no eres un nenfis ordinario, ¿no es así pequeño mago?

Luxuri se mantuvo en silencio, trató de hablar, pero fue cortado por las palabras de Rowan. A juzgar por el hechizo de ocultación que hay en esta habitación –dijo Rowan –no hay duda alguna.

Las caras de los dos hermanos se mostraron intrigadas ante estas palabras.

Es un hechizo bastante bueno –aclaró Rowan – pero para alguien que es experto en ocultar tesoros, le es fácil detectarlo. El leprechaun chasqueó los dedos y enseguida toda la habitación pareció ondear como el agua, poco a poco se fueron revelando: una mesa llena de frascos y libros, unos mecheros encendidos calentando una pequeña olla, además de todas esas cosas que anteriormente estaban ocultas. Luego se pudo percibir un olor como a cabello quemado.

Por lo que se veo has estado ocupado –le dijo Rowan con una risa –yo puedo enseñarte a ocultar cualquier tipo de objetos y créeme cuando te digo que nadie oculta tan bien las cosas como un leprechaun. Puedo enseñarte eso y otras cosas más.

Aun no me parece justo el trato –le dijo Olixer– pero es mejor que nada.

¿Tenemos un trato? –preguntó Rowan –¿o no, amigos?

Tenemos un trato –le respondieron los hermanos y estrecharon las manos –.

Rowan se quedó en la habitación vecina. Durante unas semanas enseñó a Luxuri el arte de ocultar objetos pequeños, pero como el ejército de huprechauns aún se mantenía acampando no podían proceder con su viaje. Rowan vio el entusiasmo de aprender por parte de Luxuri y por ello comenzó a enseñarle otro tipo de encantamientos.

La espera fue más larga de lo que ellos pensaron, fueron meses los que el ejército de huprechauns se mantuvo acampando, en estos meses Luxuri no solo aprendió encantamiento para ocultar cosas; Rowan le enseñó ese encantamiento que los leprechaun le colocan a sus objetos más valiosos, para que sin importar quién sea el ladrón o la distancia el oro o la joya regrese a su dueño casi al instante, aprendió a fabricar unos brebajes antivenenosos, también a encantar objetos para que estos atraigan la suerte. Aprender este último encantamiento era muy difícil y solamente era enseñado a leprechaun y a unos cuantos magos que le habían hecho grandes favores a la realeza de los leprechaun, además dominó el tipo de levitación que los leprechaun utilizaban, esto último lo aprendió trabajando en la facción de mineros, moviendo y deteniendo vagones pesados.

A diferencia de los pergaminos que entregaba Irina, que certificaban que un aprendiz de mago dominaba cierto grado de magia, en el caso de los leprechaun se tatuaban alguna figura representativa del conocimiento adquirido.

Cuando Luxuri hubo aprendido a encantar objetos, Rowan tomó su mano y apretó con fuerza uno de sus anillos sobre la falange del dedo medio, sobre ese a Luxuri le quedó marcada como un tatuaje una herradura de color gris tan brillante que parecía estar hecha de plata. Luxuri se sentía fascinado con su tatuaje, era algo que de cierto modo podía presumir a otros magos, era un detalle que nunca había visto a nadie, excepto a un leprechaun.

Eres un gran aprendiz –le dijo Rowan en tono satisfactorio después de marcarle la herradura a Luxuri –lastimosamente el tiempo se ha terminado. Con tu habilidad habrías podido ganar esta insignia –le dijo y le mostró las plantas de sus pies –.

Sobre estos habían marcadas dos enormes herraduras brillantes, una como la plata y la otra como el oro. Luxuri se mostró un poco desavenido, le parecían más que interesantes aquellas herraduras, pero se conformaba con tener aquella pequeña herradura en su dedo. De entre todos los seres místicos los leprechaun tiene fama de solo trasmitirle sus encantamientos a su misma raza.

Eso –le dijo Luxuri – señalando un libro cuya pasta estaba forrada por engranes de metal. Me gustaría comprárselo.

Rowan lo miró un poco desconcertado por la petición del jovencito.

Esto –le dijo –no te lo puedo vender, contiene secretos de cómo construir y encantar las figurillas metálicas que ves en el mercado, entre otros encantamientos y hechizos. Si has sido un poco observador has podido corroborar que nadie más vende figurillas de metal encantadas, solo los leprechaun venden este tipo de artilugios. Si alguien más aprende cómo elaborarlos, nos quedaríamos sin negocio.

¿Sabes qué es esto? –le preguntó sacando de su bolsillo una esmeralda redonda, tan grande como una manzana –de dónde vengo a esto se le llama esmeralda, es un tipo de joya poco común, digna de usarse entre la realeza.

Luxuri extendió la mano y casi puso la esmeralda en la apachurrada nariz de Rowan. Este trató de fingir desinterés, pero sus ojos no podían negar el ferviente deseo de tener esa joya.

Los leprechaun amamos el oro –apuntó –las gemas no son algo que nos atraigan mucho.

Estoy consciente de eso –le aclaró rápidamente Luxuri –el motivo no lo entiendo, pero también estoy consciente de cuánta admiración puede causar que esta gema esté frente de cualquier corona o en la punta de algún cetro.

Sé dónde quieres llegar –le dijo Rowan –pero no. En el mundo solo hay un par de libros así.

Le daré la joya –insistió Luxuri –si me permite leer el libro. Solo leerlo –le aclaró –no más.

Rowan pensó en la nueva propuesta de Luxuri. Era muy tentadora.

En unos cuantos días saldrán con su comitiva. no creo que pueda leer todo el libro –se dijo para sí mismo el leprechaun– aunque el chico tiene talento, le será difícil aprender todos esos hechizos estando solo.

Está bien –le contestó después de pensarlo un rato y alzó su mano–.

Luxuri alzó su mano y le dijo: "dentro unos días le daré el libro y la gema".

Tendrás unas semanas para leerlo, al salir de aquí me iré un par de semanas, tengo que informar a mi gente que vive en el bosque –agregó Rowan– para que estén listos para entrar al castillo.

Después de que Rowan salió de la habitación Luxuri cerró la puerta, colocó el pesado libro sobre la mesa y comenzó a hojearlo de manera rápida.

¿Crees que podrás leer esa enorme cosa en una semana? –le interrumpió Olixer quien durante toda la conversación se había mantenido armando las piezas de un telescopio–.

Tendría que leer durante día y la noche para poder llegar a la mitad –dijo el muchacho –y tengo otras cosas que hacer antes de ir en busca del cuerno.

¿Entonces que harás? –le preguntó nuevamente Olixer– ¿qué tienes en mente?

Voy a copiar el libro –le contestó mientras iniciaba una sonrisa –ese es el plan.

Luxuri sacó un pergamino que había comprado en las facciones y le comentó a su hermano que era un pergamino sin fin. Esto es un invento genial de estos leprechaun, facilita su transporte y ahorra muchísimo espacio.

Luxuri sacó dos plumas comunes y corrientes y las encantó para que estas transcribieran cada letra y cada dibujo del libro, copiando todo el contenido en el pergamino. Las dos plumas comenzaron a escribir y dibujar sobre el pergamino con gran velocidad y certeza.

¿Sabes que eso está mal verdad? –le comentó Olixer mientras sonreía –pero es una gran idea.

Se escuchó un ¡toc! ¡toc! En la puerta. Ambos se preocuparon, pensaron que quizás era Rowan quien había olvidado decirles algo.

Ambos se miraban y sin hablar se hacían gestos como diciendo: "¿qué hacemos?, ¿si es Rowan? Se enojará por su libro". Un ¡toc,toc! Más fuerte se escuchó.

¿Qui…quién, quién es? –tartamudeó Luxuri.

Soy Bononi –respondió la voz detrás de la puerta–.

Luxuri estaba frente a la puerta dudando en si abrir o no. De repente se le ocurrió una idea; se quitó su camisa, se echó un poco de agua sobre su cabello y luego abrió un poco la puerta dejando entrever solo parte de su pecho y cabeza.

Buen día –le dijo con voz un tanto nerviosa –.

Un poco bueno –le contestó en tono preocupado y triste Bononi–¿puedo pasar?

Luxuri tartamudeó un poco y dijo: "recién salgo del baño y no llevo ropa puesta".

Ponte al menos una toalla, pervertido –se escuchó al fondo de la habitación la voz de Olixer–.

Prefiero no pasar –mencionó Bononi –si no le molesta, cuando esté listo podría bajar. Necesito hablar con usted.

Sí. Claro –contestó el chico con tono aliviado –bajaré pronto.

Al cerrar la puerta, Luxuri suspiró con alivio mientras pensó que eso había estado demasiado cerca.

¿Quieres que te acompañe? –le preguntó Olixer – podría ser de ayuda.

Si ya terminaste de armar por centésima vez ese telescopio puedes venir –le contestó su hermano–.

Al bajar se encontraron con Bononi, quien caminaba en círculos con la cabeza agachada.

¿Para qué soy bueno, señor? –le dijo Luxuri a Bononi– este les hizo un gesto que se sentaran y luego comenzó a hablar.

Quiero pedirle un favor, —dijo refiriéndose a Luxuri— sé que aún es muy joven, pero es un mago, quizás usted pueda ayudar al señor Camel.

¿¡Se encuentra bien!? –preguntaron con asombro los dos –¿qué tiene?

Está mal de salud –dijo suspirando con tristeza –hace muchos años, esas bestias aladas atacaron estas facciones. Yo había sido capturado por una de esas criaturas, todos corrían despavoridos, pensé que me convertiría en su comida, pero el señor Camel la enfrentó con valor y me logró liberar, pero en la pelea la criatura le escupió algo en el rostro. Desde entonces poco a poco ha ido perdiendo la vista, al punto de quedar casi ciego. En su frustración y al ver que ningún medicamento le ha dado mejora comenzó a beber y beber. Hace unos años fue a Gelba esperando que algún nenfis le ayudara, pero solo le dieron unas plantas medicinales que han pausado un poco el avance de la ceguera.

Dicho esto, los nenfis le comentaron que solo un mago le podría ayudar, pues su ceguera se debe al ataque de una criatura mística.

¿De casualidad sabe el nombre de la criatura que le escupió en el rostro? –preguntó Luxuri–

Era un boomslan volador –contestó Bononi –nos encargamos de corroborarlo.

¡Increíble! –expresó Luxuri con preocupación –esa es una terrible criatura mística, pero creo que tengo un medicamento que podría ayudarlo.

Luxuri fue corriendo a su habitación, unos segundos después regresó llevando en su mano un frasco muy pequeño que tenía un líquido naranja. Esto –mencionó Luxuri– es colirio líquido, es mucho mejor que la santolina.

No perdamos el tiempo –exclamó Bononi –debemos medicarlo entonces.

La habitación estaba reluciente, llena de armaduras, colocadas de pie y las paredes decoradas con pinturas de personas parecidas al señor Camel.

Señor –le dijo Bononi con un tono muy suave –he traído a alguien que podría ayudarlo.

El señor Camel esbozó un extraño ruido como de dolor y desaprobación. Luxuri se acercó y notó cómo los ojos del señor Camel estaban muy inflamados y casi cerrados, por lo que parecía tener una capa de piel negra.

Son pocas las criaturas voladoras que pueden escupir veneno –comentó Luxuri–este veneno avanza lentamente, primero causa ceguera y un inmenso dolor, luego a causa del veneno las personas pierden la razón, y por último fallecen. ¿Qué tipo de medicamento han usado? –agregó el chico –.

Sin embargo, Camel siguió sin decir nada, pero Bononi les comentó que solamente santolina y en una ocasión colirio. Entonces Luxuri abrió el frasco con colirio líquido y le aplicó unas gotas en cada uno de sus ojos, pero no tuvieron mayor efecto, la telilla negra que tenía en sus ojos adsorbió las gotas que el muchacho le aplicó. Luxuri se mantuvo pensando durante un momento y luego le preguntó a Bononi si tenía alguna la poción de nectandra añejada.

Eso es un antiveneno –le comentó con desapruebo Bononi–.

Lo sé–dijo Luxuri –si me baso en los principios de cómo combatir envenenamientos y maldiciones, primero hay que eliminar la toxina para que el cuerpo pueda recuperarse, si mi razonamiento es correcto, eso que tiene en sus ojos son residuos de veneno. No bastará con el colirio y la nectandra, hay que hacer una infusión de estas pociones. Y convertirlas en plasma.

No sé qué significa esa palabra –le comentó Bononi –.

El plasma –contestó Luxuri –es similar al líquido de una poción, pero más concentrada y reforzada con magia. Se necesitan cuatro ingredientes para poder hacer una infusión: el colirio, la nectandra, un trébol y magia.

¿Para qué necesitas el trébol? –preguntó nuevamente Bononi –.

El colirio tiene base de agua y la nectandra base de aceite. Así que mientras el colirio regenera y la nectandra destruye; son incompatibles, pero con mi magia puedo hacer la infusión y hacer que se mezclen como una sola. El trébol –siguió diciendo –es una de las plantas que mayores atributos mágicos tienen, en este caso servirá para potenciar los ingredientes y hacer un plasma más fuerte.

Bononi chasqueó los dedos y frente a ellos aparecieron flotando: un frasco de metal, un trébol de cuatro hojas y dos jarras llenas de nectandra y colirio.

Solo hay un pequeño detalle –comentó sutilmente Luxuri mientras tomaba el frasco y el trébol –.

¿Cuál es ese detalle? –preguntó Bononi –.

Todos los ingredientes tienen que calentarse a una alta temperatura –apuntó el chico –y pues yo puedo calentar objetos, pero no tan rápido y no a esas altas temperaturas. Todos los ingredientes tienen que pasar al rojo vivo en un par de segundos.

De eso me encargo yo –le respondió Bononi el cual chasqueo los dedos nuevamente y frente a ellos apareció un caldero pequeño como el tamaño de una taza –comencemos.

Creo que es prudente mencionar que nunca he logrado hacer una infusión de este tipo –aclaró Luxuri

–pero si los dos me ayudan y seguimos al pie de la letra cada paso podremos curar al señor Camel.

No tenemos alternativa –resolló Bononi –¡comencemos!

Luxuri vertió el colirio líquido, la nectandra y el trébol dentro del caldero que flotaba a medio metro de altura, Olixer tomó una cuchara y comenzó a batir los ingredientes lentamente siguiendo las instrucciones de su hermano. Luxuri había colocado las palmas de sus manos sobre la olla, de estas brotaba una especie de polvo brillante que descendía suavemente sobre la olla, ambos hicieron esto durante una media hora, hasta que Luxuri le pidió a Bononi calentar la olla de golpe. Bononi estiró su mano izquierda sobre esta y de un momento a otro se puso al rojo vivo. El líquido dentro de la olla comenzó a fusionarse y a volverse tan espeso que Olixer llegó a pensar que sus brazos se romperían de tanta fuerza que hacía para poder mantener en movimiento aquel líquido. De repente un vapor de color amarillo emanó de la olla.

¡Está lista! –exclamó con alegría Luxuri –.

Entonces el muchacho movió sus manos y desde adentro de la olla hizo que flotara un líquido gelatinoso de color amarillo, movió por el aire una pequeña porción del líquido y la puso dentro del pequeño frasco.

El jovencito se paró frente a la cama del señor Camel y le dijo: "ya está lista, esto tiene que curarlo".

El señor Camel se mantuvo impávido, pero luego le preguntó: "¿va a doler?"

Luxuri sonrió levente y le dijo "un poco, será como cuando entra el jugo de limón en los ojos". Y le aplicó un buen chorro de líquido en cada ojo. Ante esto Camel soltó un grito y empuñó sus manos durante unos segundos, luego guardó silencio. Abrió sus ojos lentamente y comenzó a moverlos en todas direcciones, entonces soltó una carcajada y se abalanzó sobre el chico y le dio un abrazo tan fuerte que le dificultó respirar. Comenzó a dar saltos por toda la habitación y a danzar.

¡Gracias, gracias! –decían sin parar, muy contentos–.

Bononi se le acercó a Luxuri y le ofreció una bolsita llena de monedas de oro. Luxuri se negó a recibirlas, argumentando que había ayudado al señor Camel por solidaridad. Sin embargo, Bononi fue muy persistente en la idea de pagarle a Luxuri, pero este estaba decidido a no tomar una paga por un favor, entonces viendo que Bononi se estaba molestando, Luxuri le sugirió una forma diferente de pagarle; esta forma era ayudarlo a mejorar su hechizo de fundición con el cual podría calentar a altas temperaturas los metales de forma rápida. Bononi, aunque un poco en desacuerdo terminó aceptando.

Los últimos refuerzos llegaron, con los cual lograban alcanzar una cifra de cuatro mil. Los huprechauns levantaron sus tiendas y marcharon hacia las montañas afiladas. Salieron justo en la época más fuerte del invierno, esperaban que las fuertes tormentas redujeran la ventaja aérea que tenían todas las criaturas aladas. Durante dos semanas no se tuvo noticias de los huprechauns, hasta que nuevamente se escuchó la campana de alerta, todas las facciones apresuraron sus manos para tomar las armas. Al oriente se observaba un pequeño grupo de huprechauns que regresaban a toda prisa montando en sus ponis lanudos. Los hermanos se encontraban en lo alto de la fonda, querían ver qué era lo que pasaba. Creo que es exagerado alarmarse por un grupo de no más de veinte huprechauns –comentó Camel –¿no creen?

Creo –dijo Boxter quien tenía clavada su mirada en el cielo y le movía la cabeza Camel para que alzara su vista – que la verdadera razón es esa.

En lo alto, a una distancia aun lejana se podía observar cómo una bandada de lo que parecía ser un tipo terrorífico de aves gigantes se acercaba a la ciudad, los dos leprechaun que estaban junto a ellos dieron chasquidos con sus dedos y enseguida en sus manos aparecieron ballestas y aljabas llenas de birotes. Todos los habitantes hasta donde la vista alcazaba se encontraban armados con ballestas y lanzas esperando que aquellas horribles aves llegaran a las facciones. Las aves fueron recibidas con una lluvia de flechas que derribaron a muchas de ellas; fue tan fuerte la defensa que habían armado los pobladores que las aves desistieron rápidamente y regresaron.

Se corrió la noticia en todas las facciones sobre la masacre de huprechauns y que las bestias aladas eras más abundantes de lo que se esperaba.

CAPÍTULO 12
¡Hora de robar ese cuerno!

Era el primer día de la semana, Rowan regresó y anunció las buenas nuevas. A su comitiva se unió Bononi. Acto seguido tomaron sus pertenencias y salieron del pueblo. Tenían por rumbo el pequeño pueblo llamado Piedra Plana, este los dejaba tan solo a diez kilómetros del castillo de plata.

Cuando llegaron al pueblo se llevaron la desagradable sorpresa de que el gólem que esperaban despertar y usar como distractor para el guardián, ya no se encontraba reposando en las raíces de los árboles. Por lo que lograron averiguar al pueblo había llegado un grupo de cuatro magos muy poderosos, eran tres hombres y una mujer, uno de ellos había despertado al gólem. Este hecho complicaba todo lo que ellos habían planeado.

¿Para qué necesitarán el gólem? –se preguntaron –tenía diez años de estar abandonado y justo cuando pensábamos usarlo alguien más viene y se lo lleva.

No estando conformes con esto los dos hermanos en compañía de los leprechaun lograron dar con la ubicación de los magos y los espiaron para intentar averiguar qué era lo que planeaban hacer con el gólem. Los magos se encontraban en una casa de madera que tenía en su patio varios caballos de color negro y muchos montículos de paja. Pasaron varias horas escondidos en un montículo de paja que había a un lado de la casa esperando que alguno de esos magos saliera al patio, pero ninguno lo hizo, apenas uno de ellos se acercó a una ventana para echar un leve vistazo. Caído el sol salieron de su escondite y se acercaron aún más, justo al lado de las ventanas. Mientras jugaban a las cartas los cuatro magos hablaban a viva voz, diciendo que al siguiente día irían al castillo de plata, matarían al guardián y se quedarían con el cuerno y con todas las riquezas del castillo.

Recuerda tener los dos portales listos –le dijo un mago al otro –el guardián no esperará un ataque por el lado sur de la ciudad. Mientras el gólem intenta entrar por el norte nosotros llegaremos por el sur, así que tienes que crear esos portales a la perfección y recuerda mantener abierto todo el tiempo el portal que nos traerá de regreso.

Luego de escuchar y viendo que dos de los magos ya se habían quedado dormidos los cuatro salieron del lugar lo más silenciosamente posible. Estando muy lejos de los magos comenzaron a discutir sobre el hecho de proseguir con el plan o no. Olixer estaba muy pensativo, no lograba reformular algo para poder solventar la situación. Pero finalmente decidieron proseguir con el plan y modificarlo levemente para sacar provecho de la situación actual. Es muy complicado, pero si todo sale bien mañana a estas horas estaremos camino a casa y ustedes –les dijo señalando a los leprechaun –estarán entrando al castillo.

Luxuri les explicó el plan al menos cinco veces. No era muy distinto al que originalmente había planeado su hermano, solamente tenía unas modificaciones que permitirían anteponerse a la actual situación.

Es hora de que nosotros partamos –dijo Rowan mientras se colocaba la mochila de Olixer en su espalda –ya tendremos la noche completa para preparar todo. Si todo sale bien, se cantarán canciones y crearán historias de aquí Gelba sobre esta gran hazaña.

Los dos leprechaun dieron sus respectivos chasquidos de dedos y desaparecieron.

Despierta dormilón –se escuchaba la voz de Boxter mientras sacudía a Olixer –ya es hora.

Olixer abrió los ojos lentamente y dirigió su mirada hacia el lugar donde se había quedado a dormido su hermano, este ya se encontraba despierto. No era la hora que habían planeado, pero aún era temprano, el sol aún no había salido, tenían tiempo suficiente para desayunar con calma y hacer todo acorde al plan. Los dos se encontraban de pie sobre una roca muy alta contemplando cómo los rayos de sol pintaban de dorado toda la llanura; era un amanecer hermoso.

¿Tienes miedo? –le preguntó Olixer a su hermano–.

Sí, un poco –contestó este –¿Y tú?

Mucho, creo que ensuciaré mis calzoncillos – respondió el hermano y a Luxuri le causó una leve risa y luego dijo: "el momento llegó, no hay vuelta atrás"–.

Olixer hizo con su cabeza un gesto de aprobación, y al bajar de la gran roca Olixer se despidió de Boxter y su hermano con un triste, pero muy fuerte abrazo.

Espero volver a verlos a los dos, –dijo y subió al poni lanudo y partió–.

Olixer avanzó muy lentamente hacia el castillo pues esa era su idea, ya que esperaba llegar solamente un poco antes que los otros magos. Al llegar justo al pueblo que se situaba fuera de muro del castillo, Olixer vio que las casas en su mayoría estaban destruidas, tal como contaban las historias, a la distancia solo se escuchaba el sonido de unas aves y una suave brisa. Fue una suerte que haya pensado en llevar un poni lanudo cuyas pezuñas hacen menos ruidos que las patas de un gato. No había nada en el lugar, solo logró ver los restos de lo que parecía ser una arpía.

Mi hermano querría al menos las uñas de eso –pensó–.

Siguió el camino hasta que se encontró frente a la entrada del castillo, la enorme puerta estaba abierta, parecía tener ya muchos años así. Bajó del poni lanudo y decidió seguir él solo, justo al pasar la puerta vio unos escalones que llevaban al corredor de la parte alta del muro. Sabía de memoria la estructura del castillo gracias a la maqueta de Rowan. Siguió por los escalones buscando estar en un punto alto, con el fin de tener una mejor visión de los alrededores. Olixer se encontraba en lo alto del muro, observando por todos lados tratando de ubicar al guardián, por un momento pensó en bajar del muro y entrar al castillo, pero sabía que eso lo haría vulnerable a un ataque sorpresa, fue entonces que lo vio, el guardián estaba en uno de los corredores, caminaba lentamente hacia su dirección. Olixer supuso que ya se había percatado de su presencia, pero se mantuvo en ese lugar, pues en todo caso era un buen sitio para atacar o huir. El guardián era similar al dibujo que había visto, pero en persona se miraba más imponente y aterrador. Llegó muy cerca del muro, fijó su mirada en Olixer y se sentó en una banca.

Cada vez me decepciono más –comentó el guardián con un tono de voz grave –ya no vienen guerreros que valgan la pena.

Yo valgo la pena –le contestó Olixer y se sentó en el borde del muro– absolutamente.

El guardián se sonrió por el comentario del chico y siguió hablando.

¿Sabes? No logro adivinar qué eres, apenas destellas una tenue magia, pareces un humano, pero los humanos no tienen magia, a menos que portes algún artilugio de segunda mano o también podrías ser un huprechaun, pero al juzgar por tu rostro no creo posible eso –dijo el guardián –hueles a leprechaun, llevas en tus ropas ese olor, pero definitivamente no lo eres. Sentí tu presencia a unos diez kilómetros.

Esto dejó pensativo a Olixer, pues si lo que el guardián decía era cierto, eso significaba que el alcance de rastreo del guardián era mayor al que le habían informado.

Desde esa distancia he tratado de adivinar de qué raza eres –agregó –pero no logro estar seguro. ¿Serás un nenfis?

Si lo que dices es verdad –resolló Olixer –¿por qué me dejaste avanzar tanto si sabías que venía hacia aquí? Creo que estás mintiendo, que solo quieres aparentar.

El guardián, encendió una larga pipa de leprechaun y luego exhaló una enorme nube de humo que se convirtió en un ave que se disolvió en el aire suavemente y dijo: "mi alcance de rastreo es aún mayor, de no ser por la magia de ocultación de los leprechaun del pueblo minero, podría sentir a cada ser mágico de ese lugar. Y si no te he matado aun, es porque me pareciste interesante, por eso te he permitido llegar hasta aquí, pensé que viéndote de cerca podría concluir de qué raza eres y quizás serías un oponente digno con el cual quitarme el aburrimiento.

Olixer vaciló durante un momento, estaba pensando en todo lo que dijo el guardián.

Al parecer mis palabras te han dejado pensando –le dijo mientras seguía creando diferentes tipos de aves con el humo de la pipa– ¿verdad?

No es eso –aclaró Olixer –yo sé que eso es mentira, no existe una criatura mística aparte de los dragones que pueda ver o sentir a esa distancia, a menos que seas un "encantado".

Al guardián le incomodó la palabra *encantado*, pero fingió no darle importancia al comentario.

Me perdí en el pensamiento durante un momento, pero no fue por eso –siguió hablando Olixer –pienso en que este castillo debió ser fabuloso antes de la llegada de esas criaturas aladas, la plata ya perdió su brillo, no hay más que esa planta trepadora y ese musgo en todas partes.

No es mi culpa que la ambición llevara a los leprechaun a una guerra que no podían ganar –apuntó el guardián –mira lo que pasó hace poco, los huprechaun fueron aniquilados por esas bestias –después de una breve pausa preguntó –dime ¿a qué has venido?

Vengo por el cuerno –le respondió Olixer mientras miraba los alrededores de la ciudad.

El guardián soltó una carcajada muy extensa y luego dijo: "muchos lo han intentado, más nadie lo ha logrado. Dime pequeña criatura, ¿qué te hace pensar que tendrás la mínima oportunidad de lograrlo?"

Olixer esbozó una sonrisa y le contestó diciendo: "la única razón por la que aun nadie ha robado el cuerno es porque no había venido yo".

Ante esa respuesta el guardián desenfundó una sonrisa burlesca que dejó entrever sus afilados dientes.

¿Piensas atacarme? –lo cuestionó el guardián –no puedes ocultarlo, he sentido cómo la magia aumentó de golpe en ti. Debiste comprar un artilugio más estable.

Olixer trataba de ocultar su magia con el fin de que el guardián se cruzara de brazos ante tan absurda amenaza que el chico pudiese representar. Se preguntaba dentro de sí cuándo llegarían los otros magos. Decidió ganar un poco más de tiempo y finalmente dijo con un tono sutil pero certero: "Tu nombre es Izmennik, ¿verdad?"

El guardián se atragantó con el humo que tenía en sus pulmones. Jamás esperó eso, habían pasado casi quinientos años desde la última ocasión en que lo habían llamado por ese nombre. Olixer sonrió al ver la reacción del guardián. Después de hacer una pausa agregó: "¿ese es el pozo de la suerte?", mientras señalaba un broquel hecho de rocas adornado con un techo de madera roto.

Sí –respondió fríamente el guardián – lo es.

El chico se puso de pie y caminó lentamente sobre el muro en dirección del broquel. Cuando estuvo un poco cerca sacó de su bolsillo una moneda de plata, susurró entre sus labios algo, luego lanzó desde lo alto del muro la moneda dentro del pozo. Cuando la moneda hubo caído en el agua hizo un ruido como el de una pequeña campa. El jovencito regresó justo al lugar donde había estado anteriormente y se sentó.

¿Viniste hasta aquí solo por un poco de suerte? –le preguntó el guardián– ¿eso es todo?

Ya te dije con qué propósito vengo –le respondió Olixer –lo del pozo es, digamos, algo extra, que espero que se cumpla.

¿Se puede saber qué riquezas deseaste? –le preguntó el guardián –¿o te harás el misterioso?

Las riquezas no son todo en esta vida –le respondió Olixer –las muchas riquezas pueden cegar la mente, envenenan el corazón y corrompen alma, nos dominan y atan. En este momento lo que deseo es poder llegar a mi hogar con vida y con ese cuerno en mis manos.

El guardián desenvainó una sonrisa fingida. Pero no dijo nada. Le parecieron ciertas y familiares aquellas palabras del jovencito. Lamento decepcionarte –dijo finalmente– pero la fuente ya no funciona, hace varios años pedí un deseo, un fervoroso deseo, pero aún no se ha cumplido.

El nombre "pozo de los deseos está mal asignado" –le aclaró Olixer –tendría que llamarse "pozo de la suerte". Hace cierto tiempo escuché a un leprechaun que el pozo solo te concede suerte, de ti depende si aprovechar esa suerte para lograr algún cometido.

¿De casualidad ese leprechaun será el que anduvo rondando ayer durante la noche en toda la llanura? Asumo que ellos te enviaron –dijo el guardián –.

Un sonido familiar se escuchó, atrás del muro, ese suave zumbido que hacen los portales. Ambos detectaron el sonido, seguido de ese leve zumbido llegó un estridente grito.

¿Trajiste un gólem? –preguntó el guardián con tono despreocupado mientras colocaba su pipa en la banca –¿sabes cuántos gólems he destruido? ¿Pensabas atacarme con el gólem y luego tomar el cuerno como tomar una piedra de un río y luego correr?

Cuando el guardián dijo estas palabras alzó su mirada hacia el lado sur del castillo, pues al parecer detectó algo. Olixer supuso que los otros magos habían llegado.

Ahora comprendo –le dijo a Olixer, el cual ya se había puesto de pie –esos magos te han mandado a distraerme mientras ellos me atacan por sorpresa e intenta robarme el cuerno.

Estás equivocado –le contesto rápidamente Olixer –el que viene a robarte el cuerno soy yo. Ellos vienen a romper el pergamino que contiene el encantamiento que evita que un ejército invada el castillo. Al darse cuenta de que ya no existe tal encantamiento ¿cuánto tiempo crees que tardarán los huprechauns y leprechaun en atacarte?

El guardián se sorprendió mucho con las palabras del chico. Estas parecieron calar fuertemente en él, quien esbozó un rugido que retumbó en todo el castillo. Inmediatamente desenfundó su lanza y corrió hacia el lado sur del muro en busca de los magos.

Olixer dejó fluir su magia, sacó de su bolsillo una poción de argin y se la tomó. Luego bajó del muro rápidamente y corrió dentro del palacio, sabía que el pergamino que contenía el encantamiento estaba ahí. Al entrar al salón del rey, vio que justo sobre el trono se encontraba flotando un pergamino de color blanco rodeado de un humo de color verde. Sacó un cuchillo hecho de platino encantado y un frasco que contenía una bomba atronadora, con el cuchillo le asestó un fuerte golpe al pergamino dejando el cuchillo incrustado sobre la hoja de papel flotante, al mismo tiempo que Olixer hacía esto, afuera se escuchaba un ruido como cuando se agrieta un espejo. Salió del salón y se disponía ya a huir, ya que había logrado el objetivo de dañar el hechizo protector. Al salir vio que de todo el castillo emanaba un humo de color verde, esa era señal inequívoca de que el encantamiento se había debilitado.

En los atrios del castillo el guardián peleaba con los tres magos al mismo tiempo. Era algo increíble, igual de impactantes que los combates en la ciudad de Gelendo. Olixer se ocultó tras un enorme pilar. Dado que eran tres contra uno pensó que quizás hubiese una posibilidad de que en algún momento pudiese tomar el cuerno, entonces esperó oculto durante un momento, mientras preguntaba donde estaba la bruja, pues solo había tres peleando contra el guardián.

A pesar de que eran tres contra uno, la pelea estaba muy reñida, cada vez que las armas chocaban se podían escuchar enormes estruendos. El guardián logró darle un golpe mortal a uno de los magos, aunque cabe mencionar que este mago le lanzó una enorme bola de energía con la cual logro lanzarlo varios metros. Este cayó de golpe al suelo, pero no tardó ni un segundo en ponerse nuevamente de pie y seguir peleando, pues en un instante ya estaban sobre él los otros dos magos, este hechizo le golpeó en el pecho tan fuerte que la aljaba que contenía el cuerno se rompió y salió lanzada varios metros lejos de donde estaban peleando. Entonces Olixer vio la oportunidad que estaba esperando y corrió hacia donde estaba el cuerno, el guardián se percató de inmediato que ya no llevaba colgado el preciado cuerno, pero por los ataques de los otros magos no pudo aproximarse a tomarlo. Olixer se agachó de espaldas a la pelea y tomó el cuerno, pero cuando se dio media vuelta para comenzar a correr fue sorprendido por un fuerte golpe en la cara. El golpe lo mandó hacia un arbusto, pero no soltó el cuerno ni la bomba.

¡Dame el cuerno! –le gritó la bruja en un tono de voz agotado –no lo repetiré.

Olixer, a quien le dolía en gran manera su cara por el fuerte golpe que recibió, se dio media vuelta y le lanzó el cuerno. Entonces la bruja lo tomó antes de que este le golpeara el pecho. Soltó una risa atolondrada y elevó el cuerno como si se tratase de un trofeo. En su euforia por obtener el tan anhelado trofeo no se percató que, dentro de este, Olixer había depositado la bomba atronadora. Justo antes de que la bomba explotara Olixer creó un escudo de magia, evitando así que la explosión le causara daño. Esta explosión fue tan fuerte que afectó a los dos magos y al guardián, tanto que los tres dejaron de pelear durante un breve momento ya que quedaron aturdidos por el fuerte sonido que esta hizo; los oídos les zumbaban a tal punto de casi hacer que se tiraran al suelo por el gran dolor. Y así, los tres vieron cómo Olixer salió corriendo a toda prisa, pasando sobre el muro en un par de saltos.

Los dos magos que se encontraban peleando con el guardián se recuperaron un poco más rápido, y tambaleantes caminaron hasta donde estaba su compañera, la tomaron entre sus hombros y salieron en dirección sur del castillo llevando consigo el cuerno, cuando el guardián logró recuperarse soltó un enorme rugido como el de un león y salió corriendo a toda prisa, pero no en la dirección en la que huyeron los magos, salió en la misma dirección de Olixer.

Al pasar el muro, Olixer que corría a toda prisa logró visualizar a una distancia, de más o menos un kilómetro, el primer portal por donde pretendía huir. Cuando ya se estaba acercando al portal escuchó cómo unos fuertes pasos se acercaban más y más. Volteó la mirada saber qué era, y se enteró que era el guardián quien lo seguía a toda prisa. Ya estaba cerca de él, así que Olixer corrió aún más fuerte y logró entrar al primer portal.

Como no sabía la ubicación de los portales se asombró un poco al ver que se hallaba corriendo en la cuesta de una colina llena de pasto verde. Y a pesar de que no volvió su mirada podía escuchar los fuertes pasos del guardián aplastando el pasto, así que siguió corriendo a todo lo que le daban sus piernas. Jamás había corrido de esa manera, ni siquiera durante el festival. A unos metros notó que había otro portal, y como quería alejarse lo más que pudiera de su perseguidor Olixer comenzó a usar sus cualidades mágicas y comenzó a trasladarse varios metros hacia adelante, entrado al siguiente portal.

Olixer se encontraba ahora corriendo en la orilla de un gran acantilado bajo una fuerte lluvia, a unos escasos metros había un precipicio que se dividía por dos acantilados, era un espacio de unos diez metros de distancia, justo ahí se encontraba el siguiente portal, así que Olixer saltó desde el borde y entró por el siguiente portal esperando perder al guardián, pero este seguía detrás de él. Sin embargo, al salir de ese portal el guardián se topó con la sorpresa que en lugar de un portal había tres, y de no ser porque corría muy cerca de Olixer se hubiese confundido.

Su perseguidor seguía corriendo inmutable al cansancio, Olixer pasó un portal más, pero al pasar este tenía planeado usar la pulsera que tenía el encantamiento de crear ilusiones, y cuando el guardián cruzó el portal se topó con que había cinco jovencitos corriendo a toda prisa y además a unos treinta metros habían: no uno, ni dos, ni tres, sino que cinco portales. El guardián por un momento dejó de correr, pues estaba confundido de a quién seguir. Soltó un rugido de frustración, pero inmediatamente decidió seguir el leve rastro de los zapatos mojados de Olixer. Siguió tras el chico que se metía al portal del centro, pero para mayor impresión del guardián, al cruzarlo se topó, ya no con cinco chicos, sino que vio diez que corrían como hormigas locas en diferentes direcciones y lo que antes eran cinco portales ahora eran diez. El guardián se descolgó la lanza de su espalda la agitó en el aire y la incrustó en el suelo con mucha fuerza, y enseguida de la lanza salió un hechizo mágico en forma onda, el cual hizo desaparecer las ilusiones multiplicadas de Olixer. El guardián tomó nuevamente su lanza y comenzó a correr a toda prisa, pasó el portal de un salto, justo adelante seguía corriendo el chico aun a toda prisa, pero como quizás tenía aún más trucos no quería perderlo de vista y aceleró todavía más. Cuando estaba cruzando el portal, que por cierto era muy pequeño, (tenía como un metro y medio altura) fue recibido por un fuerte golpe de un enorme mazo. Si bien esta acción fue sorpresiva el guardián logró colocar como defensa sus brazos para amortiguar el golpe. A pesar de eso, este fue lanzado unos cuantos metros atrás del portal.

¡Ahora! –gritó Luxuri–. Entonces Boxter soltó un fuerte golpe al trozo de espejo que había en el suelo, y al romperlo casi de inmediato el portal se cerró dejando atrás al guardián.

¡Lo lograste! –gritó Luxuri a su hermano –¡sí!

Todos se asombraron al ver que Olixer llevaba en sus manos el cuerno, aún no sabían cómo había logrado obtenerlo, pero sin duda era una historia asombrosa que tendrían que escuchar. Olixer se encontraba en el suelo casi sin aliento, su corazón le palpitaba tan fuerte que cuando su hermano se lanzó sobre él sintió cómo le golpeaba su pecho. Estando en el suelo y aun sin recuperar el aliento Olixer dijo que deberían irse, pues ese portal apenas lo había dejado unos diez kilómetros atrás y podría rastrearlos.

No te preocupes, hasta aquí no puede encontrarnos –le dijo el leprechaun– estoy seguro.

Eso es falso –exclamó Olixer quien tomaba grandes pausas para hablar, pues respiraba con gran dificultad– esa bestia puede detectar magia a diez kilómetros. Es un encantado –dijo finalmente –aunque no lo acepte.

Un fuerte rugido se escuchó al oeste, parecía provenir de las montañas afiladas.

Hay que irnos –exclamó el leprechaun quien sacó un pequeño cofre de madera con bordes de plata y le hizo un gesto a Olixer para que pusiera el cuerno dentro del cofre, el cuerno destila una gran magia, pero no podrá detectarlo estando dentro de este cofre –dijo finalmente–.

Los dos hermanos subieron a una de las dos carretas y Boxter a la otra, una de las carretas era tirada por unos ponis de metal encantados y la otra carreta en la que Boxter se subió era tirada por seis enormes bestias que parecían rinocerontes. Los leprechaun cubrieron las camas de las carretas con una espesa sábana y salieron a toda prisa en dirección de la montaña del gólem.

No puedo creer que el plan haya funcionado a la perfección –le gritaba Boxter a Olixer, pero este no le contestó, estaba acostado en la carreta aun exhausto –

tuviste mucha suerte, pequeña rata –terminó diciendo el gólem–.

Cabalgaron un par de horas hasta que llegaron al puente.

Aquí nos separamos –le dijo el leprechaun mientras bajaba de la carreta –es el lugar.

Luxuri sacó de su mochila una bolsa y se la entregó al leprechaun, pero este al ojear lo que había dentro de la bolsa casi de inmediato la rechazó.

No puedo aceptar tal tesoro –le dijo –ustedes lo han conseguido, lograron liberar la ciudad y eso no tiene precio, no puedo aceptarlo cuando el favor que le han ha hecho a mi gente es mayor.

Teníamos un trato –agregó Olixer –ustedes cumplieron con su parte.

No puedo –volvió a decir el leprechaun –.

¡Ash! –expresó de manera molesta Boxter –si no las quieren pues me las pueden dar a mí.

Tómalas –le dijo Luxuri –si no las tomas las dejare aquí en el suelo, es la paga por la carreta y las provisiones para el viaje, ¡tómalas!

Al escuchar el tono serio con el que Luxuri habló tomó la bolsa y la lanzó sobre la otra carreta.

¡Gracias! Espero vuelvan algún día a estas tierras, se contarán historias de lo que ustedes han hecho hoy.

Aún falta algo más –agregó Luxuri, quien metió su mano en la mochila y le dio el libro de los hechizos que Rowan le había prestado con anterioridad –.

Rowan dio un chasquido con los dedos y el libro desapareció de las manos de Luxuri. Nuevamente se escuchó un rugido aún más aterrador a la distancia, justo como los relámpagos que anuncian la llegada de una tormenta.

No puedo acompañarlos –les dijo– pero puedo ayudarlos un poco más.

Entonces Rowan pidió a los dos hermanos alzar sus manos frente a él y apretar sus puños. Entonces con uno de los anillos que llevaba en su mano le marco a Luxuri un pequeño trébol de cuatro hojas de color verde con bordes dorados, y después prosiguió a hacer lo mismo con Olixer. Los dos hermanos quedaron sin palabras admirando aquel pequeño trébol tatuado en sus dedos.

Esta marca simboliza que han hecho un favor a la realeza de los leprechaun, y estos… –siguió diciendo mientras chasqueaba nuevamente sus dedos y en su mano aparecían dos tréboles de cuatro hojas – guárdenlos dentro de sus bolsas, necesitarán mucha suerte para llegar a su hogar.

Bononi se acercó y dio un chasquido con sus dedos y en su mano aparecieron unas monedas de plata y les dio tres a cada uno.

¿Y esto por qué? –preguntaron los dos–.

Un recuerdo –les aclaró Bononi –que les debía de la última noche en que jugamos cartas.

Es hora de irnos –exclamó Rowan –no podemos estar más tiempo acá.

Los dos leprechaun crearon un enorme arcoíris, el cual los llevaría de forma rápida hasta el bosque del sur. Mientras tanto Boxter y los dos hermanos subieron a la carreta, pero no pasaron el puente, pensaron que si tomaban el camino que pasa frente al páramo desolado, le sería más fácil al guardián verlos desde la distancia, si es que este los perseguía. Así que siguieron en dirección al noreste tomando el camino que va río arriba hasta el próximo cruce. Los dos leprechaun llegaron al bosque del sur y llevaron las buenas nuevas a las tropas que estaban esperando para regresar a la Ciudad de Plata.

CAPÍTULO 13
Arkady el cazador

El avance hacia Imbler era rápido, a pesar de haber recibido un par de días de lluvia. Como no había señal de que el guardián los siguiera, se detuvieron a descansar sobre una colina frente al río. Pasado el mediodía, decidieron que lo mejor era seguir a la mañana del siguiente día y acampar en ese lugar, pues era un punto alto que les permitiría vigilar si alguien se aproximaba.

Con el paso de las horas y después de comer, Olixer con su aguda vista visualizó lo que parecían ser tres perros que rondaban relativamente cerca, olfateando y buscando algo con gran dedicación. Por un momento no les dio mucha importancia, pues llegó a pensar que quizás andaban en cacería de alguna presa común. Sin embargo, Olixer llamó a su hermano y este al llegar le preguntó si eran perros Inugamis, a lo que confirmo con preocupación que sí, pero que tenían un aspecto diferente, un tanto más aterrador. Como Luxuri tenía una vista un poco más amplia que la de su hermano, este logró ver que en el cuello los tres llevaban un collar de metal.

Parece que rastrean algo –menciono con suavidad y preocupación Luxuri –.

Ya no han hecho nada más que rastrear y avanzar –añadió Olixer –pero con la tierra así de mojada por las lluvias, difícilmente encontrarán lo que buscan.

Los tres cada vez se acercaban más y más, olfateaban algo y corrían unos cuantos metros, hacían eso de manera repetida, al parecer el rastro que seguían era muy difuso, hasta que por lo que lograron ver, uno de ellos encontró un rastro más constante y comenzó a correr, y luego los otros dos le siguieron el paso. Entonces los chicos notaron que curiosamente parecía que los tres perros corrían en la dirección donde ellos estaban acampando.

Perdón que los interrumpa –se escuchó la voz de Boxter –pero uno de los farolitos de la carreta está de color rojo y haciendo un sonido extraño.

Ambos dirigieron la mirada a la carreta y efectivamente una de las lámparas se había vuelto de color rojo. No obstante, apenas resaltaba, pues la luz del sol opacaba el destello. La carreta que los leprechaun les habían conseguido tenía muchas cualidades mágicas, entre ellas detectar el peligro, por ello el farolito comenzó a emitir un sonido de alerta y su luz había cobrado color.

Esas criaturas vienen por nosotros –expresó Luxuri, quien junto a su hermano corrió a la carreta para subir rápidamente todas sus cosas y comenzar nuevamente el galope –¿por qué esas criaturas nos buscan?, ¿serán rastreadores del guardián enviados para dar con nuestra ubicación? –agregó el chico –no pueden ser simplemente criaturas salvajes ya que usan collar –reflexionó –qué suerte que la carreta estaba encantada y nos alertara del peligro.

Avanzaron durante horas, vigilando sus espaldas. Y aunque las criaturas no parecía que los perseguían, siguieron sin parar toda la tarde y toda la noche, tomando turnos para vigilar y dirigir la carreta. Cerca del amanecer Boxter les sugirió detenerse para que los rinocerontes descansaran y pudiesen ingerir alimentos o alguna pócima.

Tenían un par de horas de estar estacionados en ese lugar. Todo era silencio. Frente a ellos: el río Longus, detrás del río el páramo desolado, y observando al este se notaba un cielo gris con nubes cargadas de relámpagos.

Olixer, quien no perdía de vista a la lámpara de la carreta se fue de espaldas cuando esta comenzó a destellar con una parpadeante luz roja. Seguido de Olixer, Boxter y Luxuri se pusieron de pie, los tres miraban atentamente en todas direcciones, pero no lograban visualizar nada. Una serie de pasos se escucharon, estos hacían un sonido extraño, como si alguien arrastrara unas enormes cadenas, entonces voltearon y a unos cien metros de ellos vieron lo que parecía ser una extraña persona que se acercaba montando una criatura enorme, su cuerpo era como el de un oso, pero sus patas tenía unas garras como navajas, su cara era similar al de una hiena, pero tenía dos pares de ojos, dos de color rojo y dos de color amarillo, dos pares de orejas en forma triangular, y su hocico era enorme, desproporcional al tamaño de su cabeza.

A lado izquierdo y derecho se encontraban dos criaturas más, similares a la que montaba, con la diferencia que eran más pequeñas y sumamente delgadas. El jinete como de la estatura de los chicos, llevaba dos cadenas que destilaban chispas al ser arrastradas, su rostro no se lograba ver a cabalidad por la caperuza que usaba, y por los pantalones que llevaba se podía notar que estaba rechoncho.

Boxter empuñó su mazo y le gritó con voz amenazante: "¡Lárgate!". Ante lo cual el extraño sujeto comenzó a reír a carcajadas.

Antes de matarlos –dijo el sujeto –querrán saber quién soy.

¡No nos importa! –gritó Luxuri –yo sé quién eres; eres otro cazador, ya vencimos a uno y lo mismo sucederá contigo.

Mi nombre es Arkady, el cazador y vengo por ti –dijo señalando a Luxuri *–el nenfis mago* serás la joya de mi colección, te exhibiré como trofeo.

Luxuri pareció no inmutarse ante tales palabras, aunque internamente se asustó un poco y pensó "otro más que me quiere de trofeo".

¡Quisiera ver que lo intentes! –gritó Boxter y le hizo gesto retándole con su mazo–.

Arkady soltó nuevamente una larga carcajada, levantó una de sus enormes manos y en ella se formó una larga vara de color negro, forrada en espiral por un delgado alambre rojo que terminaba con una punta hecha de un cristal de color gris con la forma de una cabeza de serpiente. Boxter, Olixer y Luxuri se miraron uno al otro, tenían un doble apuro, aparte de ser un cazador el sujeto aquel era un mago.

Justo en el momento en que la vara terminó se formarse en su mano, lanzó en dirección de Boxter una enorme bola de energía de color rojo. Boxter se defendió con su mazo ante tan sorpresivo ataque, la bola de energía rebotó hacia el cielo, se elevó muy alto y luego explotó.

Arkady desató de las cadenas a sus dos fieras, que salieron corriendo a toda prisa, una en dirección de Olixer y la otra en dirección de Luxuri, como los dos corrían de manera similar Boxter no sabía a quién defender, Olixer le susurró: "*te la mandare y tú la plastas*". Boxter le confirmó con un movimiento de su cabeza, la criatura que iba en contra de Olixer dio un enorme salto para atacarlo, Olixer parecía no hacer nada, se limitó a colocar su cuerpo como quien espera recibir la embestida de alguien, justo antes que la bestia lo envistiera con su hocico abierto, Olixer creó un escudo de magia, la criatura se estrelló como contra una inamovible pared invisible y rebotó con tal fuerza que cayó justo a los pies de Boxter quien se encontraba a unos metros de Olixer. Bajo esta posición Boxter le asestó unos golpes con su mazo. Mientras tanto, Luxuri se colocó en una posición similar a la de su hermano con la diferencia que se encontraba con las manos un poco extendidas en dirección de la criatura. Cuando esta saltó para atacarlo Luxuri hizo que se elevara súbitamente unos veinte metros en el aire, el animal giró y giró por los aires moviendo sus patas hasta que se impactó en el suelo quedando al instante sin vida.

Arkady que se encontraba carcajeando paró de reír de un momento a otro, quedo impactado y enfurecido al ver que sus dos perros inugami habían sido derrotados fácilmente, dio un grito de molestia y lanzó unos rayos al aire, en la punta de su vara resplandecía una luz color azul oscuro, hizo un silbido con sus dedos y salió montando su bestia para encararlos, Boxter salió al encuentro de este.

A unos metros de distancia se acercaba arrastrándose un tercer inugami, asechando por sus espaldas con suma cautela, esperando el momento justo, como un auténtico depredador. Olixer era el objetivo, ninguno de los dos se percató del tercer perro, pues estaban más atentos al combate de Arkady y Boxter. Cuando estuvo cerca de su presa, el perro saltó sobre Olixer, quien por la sorpresiva embestida apenas pudo encoger sus hombros. El perro le clavó sus dientes entre el cuello y el hombro, lo tomó con fuerza y se lo llevó de retroceso ante la mirada atónita de Luxuri.

Olixer trató de muchas formas soltarse del perro, pero este apretaba sus fauces con más fuerzas. Luxuri le lanzó al perro el encantamiento de fundición que Bononi le había ayudado a perfeccionar y en cuestión de segundos el collar de metal se volvió al rojo vivo; ante el dolor el perro soltó a Olixer, Luxuri aumento la fuerza del encantamiento a tal grado que el metal del collar se derritió y dejo al perro sin vida. Se acercó al auxilio de su hermano quien trataba de sentarse en el suelo, pero antes que se le acercara este le gritó que ayudara a Boxter.

Boxter se encontraba peleando ferozmente contra la bestia y el cazador. El gólem tenía muchos problemas al enfrentarse a ambos al mismo tiempo, pues la bestia era enorme y el cazador le lanzaba constantemente hechizos.

Luxuri corrió hacia la carreta y hurgó entre las cajas hasta que encontró una araña de metal, la tomó junto con una bomba atronadora y corrió hacia donde estaba Boxter peleando. Aunque Boxter media tres metros de altura, cuando la bestia se paraba en dos patas daba la impresión de ser más alta que el gólem, Luxuri puso en el suelo aquella enmarañada bola de metal, que, al contacto con el suelo, extendió sus ocho largas patas y llegó a medir alrededor de un metro de altura. Esta salió corriendo en dirección de la criatura al recibir la orden de atacar, estando ya cerca, saltó sobre la bestia y le clavó sus patas afiladas en la espalda, el enorme inugami cayó al suelo retorciéndose y aullando de dolor, el cristal de la espalda de la araña comenzó a emitir una luz parpadeante que se aceleraba más y más hasta que explotó junto con la bestia. A lo lejos, desde el sur se escuchó un enorme rugido, aquel rugido temible e inconfundible, era el guardián.

Mientras eso pasaba el cazador seguía peleando con gran ímpetu contra Boxter, lanzándole toda clase de hechizos. Luxuri se unió a Boxter y comenzó a lanzarle sus hechizos, aunque cabe mencionar que el mago los bloqueaba con facilidad. Hace meses que Luxuri no había tenido aquel pensamiento de: *si tan solo tuviera mi varita mis hechizos serían más fuertes*. A pesar de eso, lanzó y lanzó con todas sus fuerzas todo tipo de hechizos contra el cazador.

Poco a poco Boxter se fue acercando más y más al cazador para intentar golpearlo, pero este era muy ágil y se movía de un lado a otra logrando evadir los golpes de

Boxter. Arkady se fue cansando a medida que el combate avanzaba, en un momento preciso, Luxuri le lanzó la bomba atronadora, el mago intentó repelerla con uno de sus hechizos, pero al impactar el hechizo con la bomba esta explotó muy cerca de él. Los oídos le zumbaban, sentía que la cabeza le daba vueltas, estaba tan aturdido que al intentar ponerse de pie no pudo. Así que Boxter aprovechó a acercarse más hasta el punto de estar frente a frente, pero Arkady creó una especie de escudo en forma de burbuja para defenderse de los golpes incesantes de Boxter, el gólem no dejaba de golpear aquella burbuja, era como ver a un herrero golpeando el mental, Luxuri por su parte le lanzó un rayo de energía continuo. Ambos siguieron atacando hasta que por fin el escudo se rompió, la pequeña explosión lanzó a Arkady y a Luxuri unos cuantos metros hacia atrás, pero Boxter se mantuvo de pie y le dio un durísimo golpe al cazador, este al verse derrotado extendió su vara y formo cerca un pequeño portal y corrió hacia él logrando huir, no sin antes ser impactado por un hechizo que Luxuri le lanzó.

Cuando el portal se cerró, Luxuri y Boxter corrieron hacia Olixer. Lo encontraron tendido en el suelo rodeado de un charco de sangre azul. Boxter lo tomó con sus enormes manos y se lo llevó hasta la carreta donde lo recostó, la lámpara de la carreta aún se encontraba de un color rojo intenso y parpadeante. Es el guardián –mencionó Olixer con voz débil –larguémonos de aquí, en el camino me curas.

Salieron de aquel lugar a toda prisa, Boxter se las arregló para acomodarse en la parte delantera de la carreta y llevar las riendas. Luxuri sacó un frasco de pócima medio vivo y le dio de beber a su hermano, le quitó de su espalda un enorme colmillo de unos diez centímetros que tenía incrustado, luego colocó sus manos frente a la herida de la que brotaba la sangre y comenzó a curarlo. Tenía unas heridas muy grandes, no parecían mordidas, más bien parecía que lo habían agredido con una lanza. Con su magia y un tónico de color verde Luxuri redujo considerablemente sus heridas, lo suficiente para evitar que su hermano siguiera sangrando.

Cabalgaron por largo tiempo hasta detenerse en las cercanías del río, justo sobre un pastizal. Tanto ellos como los rinos tenían que ingerir alimento y descansar un poco. A ninguno le parecía conveniente estar en ese lugar mucho tiempo pues estaban justo frente al bosque Korosta, aunque sabían que la magia del bosque en cierta forma les permitiría pasar inadvertidos ante el sentido de rastreo del guardián.

Peleamos de manera fantástica contra ese cazador y sus perros –mencionó Luxuri mientras se llevaba un trozo de pan a la boca–.

Le dimos una gran paliza –expresó Boxter –fue una pelea más divertida que aquella contra el pajarraco.

Tengan –les dijo Boxter quitando de su hombro unos colmillos que la bestia le había dejado clavados –tómenlos como recuerdo –terminó diciendo.

Ambos los tomaron, eran extremadamente duros y afilados como navajas. La lluvia se hizo presente nuevamente, cayó con fuerza y abundante nivel, era tan densa que dificultaba la visualización, los dos hermanos deseaban tanto aun poder contar con su carpa para protegerse de la lluvia, no había donde cubrirse. Luxuri pensó en crear una burbuja con su magia, pero eso podría hacer que el guardián los detectara, entonces improvisaron una pequeña tienda de campaña usando la carreta y una sábana gruesa.

El jovencito abrió sus descoloridos ojos, sentía una fuerte punzada de dolor entre el hombro y el cuello, despertó porque sintió cómo una mano fría y dura lo sacudía con gran fuerza, vio una enorme mano de metal que lo sacudía, era Boxter quien intentaba despertarlo de la única forma que le gustaba hacerlo, "sacudir con fuerza hasta que habrá los ojos". A su otro extremo su hermano ya estaba despierto, pero daba la impresión de que había decidido quedarse un par de minutos más con él. Luxuri se encontraba meditando en todo lo que apenas días atrás había ocurrido; por un momento pensó que quizás todo era un mal sueño, pero al girar a su derecha contempló a su hermano con la camisa rasgada, aún muy pálido por toda la sangre que había perdido.

Veo que ya dejó de llover –expresó mientras soltaba un largo bostezo–.

Sí, hoy en la mañana –le contestó Boxter –después de la salida del sol.

Ambos hermanos hicieron un gesto de incredulidad.

¿Cuándo salió el sol? –preguntó Olixer–.

Sí –respondió Boxter –llovió toda la tarde y noche del día de ayer y parte de la madruga de hoy, todo ese tiempo han estado dormidos.

Ambos hermanos se miraron nuevamente con cara de incredulidad.

Todo ha estado tranquilo –agregó Boxter para calmarlos –los rinos ya se recuperaron y están listos para seguir con el viaje.

Muchas gracias por cuidarnos –le dijo Luxuri –eres un gran amigo.

Coman algo y nos largamos –se apuró a decir Boxter para evadir los halagos de Luxuri–.

Las lluvias habían cesado, pasaron dos días desde la última, esto tenía ventajas y desventajas; por un lado, el agua lluvia borraba cualquier rastro de olor que pudiesen dejar y reducía la visión del guardián, si es que este aun los perseguía, pero por otro lado dificultaba el avance, pues el camino lleno de lodo y agua no les permitía moverse a la velocidad que ellos deseaban.

Habían buscado apresurar su paso durante esos días sin lluvia, todo parecía ir bien, hasta que la luz del farol de alerta se volvió nuevamente de color rojo, los tres miraban por doquier en busca de cuál podría ser el peligro, pero no lograron ver nada, apresuraron el paso a todo lo que los rinos podían correr. Corrieron durante varias horas hasta que la luz del farol se tornó blanca.

Tenían planeado cruzar el puente llamado La Moneda, que según el mapa era el último puente por el cual podrían cruzar. Al llegar al cruce del puente vieron que este ya no estaba. La corriente del río era muy fuerte, pensaron que quizás las constantes lluvias habían elevado el caudal del río hasta llegar al nivel del puente y derribarlo. El pasar el puente de La Moneda les permitiría entrar en el país de Isnao, cuyos caminos habían recorrido de manera segura en su viaje hacia el páramo. A los dos se les hacía fácil cruzar el estrecho acantilado saltando o escalando, pero eso implicaba que dejarían la carreta atrás junto con Boxter.

Boxter pensó sugerir que lo dejaran y que el seguiría solo, pero no quería dejar que se fuesen sin él, podría ser que se presentase otra dificultad. Así mismo los dos hermanos no querrían dejarlo ya que lo consideraban su amigo. Olixer le sugirió a su hermano usar la levitación con boxter y la carreta para hacerlos cruzar, pero el golem, los rinos y la carreta pesaban mucho y el acantilado era muy alto, y quizás no podría levantarlo hasta tal altura, además eso implicaba que realizaría mucha magia, y podría ser que el guardián los detectara. No habiendo otro camino siguieron por el sendero que lleva al borde del bosque Korosta, el camino en realidad era más corto, tomando en cuenta su destino, pero era arriesgado caminar por las orillas del bosque, no sabían si alguna criatura podría salir y atacarlos en cualquier momento.

El bosque Korosta era un lugar aterrador, era un bosque de árboles de aspecto siniestro y moribundos, lleno de una niebla espesa, con un cielo donde reposaban nubes tan oscuras como las de una tormenta. Las historias contadas aseguraban que estaba lleno de peligros y de las criaturas más terribles del mundo.

CAPÍTULO 14
Venganza y trofeos

Los rinos corrían a toda prisa. En el farol palpitaba una luz roja. Sabían que cuando en el farol lo hacía significaba que había peligro sobre ellos. Olixer llevaba las riendas de la carreta, mientras su hermano y Boxter vigilaban por todas partes.

¡Ahí, adelante! –esbozó un grito Olixer, y Luxuri y Boxter dirigieron su mirada.

Delante de ellos a unos cincuenta metros se encontraba Arkady, quien con su vara alzada en el aire conjuraba algún tipo de hechizo con el cual acumulaba energía.

Desde el cielo se escuchó un rugido, los tres identificaron a qué criatura le pertenecía aquel espantoso rugido, ya lo habían escuchado en una ocasión. Del cielo nublado descendía en picada un dragoncillo guiverno llevando sus enormes patas por delante. No les dio oportunidad de evadirlo, las patas del dragoncillo impactaron contra la carreta partiéndola en dos de un solo tajo, los dos hermanos salieron lanzados en direcciones diferentes, a diferencia de Boxter quien logró mantenerse en pie, los rinos también salieron dispersados por el golpe y luego de levantarse huyeron.

Se escuchó nuevamente otro golpe, aún más fuerte que cuando el dragoncillo partió la carreta, el sonido fue diferente, como cuando un martillo choca con un yunque. Olixer apenas se había puesto pie cuando vio cómo un enorme virote de ballesta de unos dos metros de longitud impacto sobre el pecho de Boxter, el gólem perdió balance por el fuerte impacto, pero logró mantenerse de pie, se quitó de su pecho el virote que le había quedado levemente incrustado, al quitarse el virote se logró ver que su pecho metálico había quedado agrietado. Luxuri miró en dirección de donde había sido lanzado el virote, y en medio de unos árboles del bosque montando un arma de asedio se encontraba Grimoy, aquel cazador con aspecto de pajarraco que hacía meses había dado por muerto.

Olixer vio una enorme bola de color azul que pasó frente a su rostro e impactó en el pecho de Boxter, justo donde hace apenas un momento lo habían herido, el impacto causó un sonido muy fuerte, el gólem dio un par de pasos tambaleándose de un lado a otro hasta caer.

Los dos hermanos estaba atónitos ante la abrumadora situación, durante un momento se quedaron sin moverse, pasmados ante lo que estaba sucediendo, era una situación más que obvia, los dos cazadores se habían unido para vencerlos y el primer objetivo era deshacerse de Boxter. Lleno de ira Olixer desenfundó su daga y esperó que Arkady se acercara, este avanzaba a paso rápido soltando carcajadas, dando ya por hecho que vencería fácilmente al jovencito.

Luxuri dio un grito de furia, el dragoncillo se dispuso a atacarlo, pero el jovencito hizo que unas cadenas que estaban en el suelo ataran al dragoncillo. Teniendo la cadena alrededor de su cuerpo le lanzó un encantamiento de fundición he hizo que las cadenas se tornaran al rojo vivo hasta fundirse junto con el dragoncillo. El pajarraco dio un grito de enojo al ver cómo su dragoncillo moría; ya era el segundo que perdía por la culpa de esos mocosos. Ambos hermanos se estrecharon miradas y se dispusieron a pelar, sabían que tenían pocas probabilidades de ganar, pero preferirían morir intentando ganar, que simplemente rendirse.

Arkady comenzó a lanzar hechizos, Olixer quien aún no se había recuperado a totalidad del ataque que recibió del perro días atrás, trató de combatirlo, pero Arkady logró vencerlo con facilidad. Por otro lado, Luxuri le hizo frente al cazador lanzándole todos los hechizos que se sabía. Logró mantener a raya al pajarraco, pero después de vencer a Olixer, Arkady se unió a la pelea y le lanzó un hechizo por la espalda con el cual logró someter al chico.

Los ataron con unos lazos y los dejaron en el suelo, y aunque ambos eran en gran manera soberbios se adularon el uno al otro, felices y campantes de que al fin habían podido capturarlos.

Este me lo quedo yo –dijo Arkady refiriéndose a Luxuri –yo obtengo los trofeos y tú la venganza, ese fue el trato.

El otro cazador hizo un gesto de aprobación sobre lo que Arkady había dicho; no dijo nada, pero en su interior había un disgusto total ante el trato que había hecho. Por un momento se mantuvo vacilante pero luego dijo: "Yo me llevaré a ese gólem, y a este podemos hacerlo en la cena dijo refiriéndose a Olixer".

Pronto, un enorme rugido se escuchó en las cercanías, los dos cazadores no tenían idea de quién o qué era, pero daba la sensación de que se encontraba muy cerca. A la distancia, sobre un risco, se encontraba aquella criatura de la que tanto habían escuchado hablar en la fortaleza en Karosta. Sabían quién era, pues durante años muchos cazadores se habían aventurado hacia la Ciudad de Plata para intentar cazarlo.

El guardián los miraba diligentemente, vio al gólem tirado en el suelo y a los dos chicos atados. Caminó lentamente y luego cuando ya estaba cerca dijo en tono suave pero abrumador: "Estos nenfis llevan algo que necesito recuperar, lo que hagan con ellos me es indiferente".

Lo que busques tendrás que pagar por ello –le gritó Arkady en tono amenazante–¡Nosotros los cazamos! Sus pertenencias también son nuestras.

Ellos también me robaron unas cosas –soltó un chillido Grimoy–.

El guardián gruñó entre dientes como un león y luego les dijo mientras empuñaba su lanza que su vida sería su pago.

¿Acaso no sabes quiénes somos? –increpó el pajarraco –¿no nos conoces?

¡Sé quiénes son! –interrumpió rápidamente el guardián –¿saben a cuántos cazadores he vencido?

Muchos son los que se aventuraron a cazarme, sin embargo, ninguno logró el trofeo que esperaba. Aún recuerdo los ruegos de aquel extraño ser que tenía tres brazos y un solo ojo, recuerdo cómo suplicaba que lo dejara ir –siguió diciendo el guardián en un tono muy burlesco y despectivo –también a la ninfa bruja llamada Brunela, aquella que se decía que era invencible, a Mirsa y a su hermano Colfiner. A un mimetista y por último al leprechaun que se apodaba “Herradura de plata”.

Arkady y Grimoy trataron de mantenerse imperturbables, conocían esos nombres, eran otros cazadores, algunos mucho más poderosos que ellos.

El pajarraco soltó un fuerte chichillo de rabia como un auténtico buitre, luego agitó su espada y se colocó en posición de combate, por su parte Arkady grito: “Los cazadores que mencionaste son de tercera clase, es una ofensa que los compares con nosotros. ¡Mejor vete!”

No me dejan alternativa –mencionó el guardián, pero mientras se disponía a atacarlo el sonido de un viento fuerte se escuchó, de repente del cielo descendió una ráfaga de viento que los azotó con gran fuerza, tanto que el guardián salió arrojado varios metros hacia atrás, seguido de eso la punta de una espada apareció en el estómago del pajarraco. Detrás de él estaba una persona que a los dos hermanos les resultaba familiar, era Vendaval, quien había aparecido y atacado sin aviso al cazador. Luego otro sonido fuerte se escuchó, un sujeto más descendió del cielo, como una corriente de viento que desciende en línea vertical, la fuerza de este viento lanzó a Arkady hacia el bosque.

Esto es por mi hermano –le dijo Vendaval al pajarraco en tono satisfactorio –ya veo tu cabeza adornando una de las repisas de mi casa.

En ese momento Luxuri y Olixer se soltaron de sus ataduras, los dos cazadores se olvidaron de revisar a los chicos antes de atarlos, y no notaron que en una pequeña funda de su bota Olixer llevaba una pequeña navaja de plata de huprechaun que había ganado en una apuesta de cartas, y que desde el momento que había aparecido el guardián aprovechó la distracción de los cazadores para cortar el lazo con el que estaban atados.

Olixer se arrastró hasta donde estaba Boxter, le colocó sus manos a fin de trasmitirle parte de la poca energía que aún le quedaba, pero era tan poca la energía mágica que había en su ser que no pudo hacer mayor cosa para ayudarlo. Al ver que era inútil lo abrazó y comenzó a llorar sobre el frío cuerpo metálico de Boxter.

Por su parte Luxuri, quien lloraba por Boxter, se pasó la manga de su camisa por el rostro para limpiar sus lágrimas y luego tomó su mochila y sombrero y se los colocó.

Al reponerse del duro golpe que se llevó al chocar de espaldas contra un árbol Arkady fue consciente de su desventaja, entonces con su vara mágica creó un portal y huyó.

El guardián ya se había puesto en pie, pero no se les podía acercar, pues un tercer nix había desatado sobre él una corriente continua de aire para impedir que se acercara, pero el guardián era muy fuerte y poco a poco se iba acercando. Vendaval se unió a la nix y tomando su lugar le dio la orden de huir con los jovencitos, la nix abrazó con fuerza a Olixer quien no quería soltar el cuerpo del gólem sobre el cual lloraba amargamente. El otro nix abrazó a Luxuri y salieron volando sobre el bosque. Por fin, prácticamente en contra de su voluntad la nix logró desprender al chico del gólem y salieron volando. Vendaval mantuvo la fuerte corriente de aire en contra del guardián hasta que se aseguró que sus amigos habían logrado huir, dio un gran salto y se hizo como el viento y huyó, pero en una dirección diferente.

CAPÍTULO 15
El rescate

Los dos nix volaban a una velocidad muy alta, pero aun así no lo hacían a su tan acostumbrada velocidad. La razón era que los dos hermanos no poseían la cualidad de los nix de hacerse como el viento, por este motivo los nix no podían transformarse en algo corpóreo similar al viento, de hacer esto los chicos se les soltarían de las manos. Después de volar gran parte de la noche, a una velocidad arriba de los cien kilómetros por hora, los cuerpos de los pequeños nenfis se tornaban cada vez más pesados. Los dos hermanos no tenían ni idea de donde se encontraban, pero sabían que de cierta forma estaban seguros.

El sol ya estaba saliendo, sus rayos develaron donde se encontraban, volaban sobre el bosque Korosta, que desde su posición en el aire parecía que pasaran sobre una nube negra. Al norte a varios kilómetros divisaban el final del bosque y la imponente Montaña Calva. Lo que les tardaría viajar semanas en su carreta lo habían hecho en parte de la tarde y la noche. Los nix ya estaban muy agotados por su largo viaje, para ellos era muy agotador cargar el peso de los chicos durante tantas horas, pero estaban decididos a llevarlos al menos hasta cruzar el bosque y así hubiese sido de no ser porque desde adentro del bosque salió una bola roja de energía que impactó en el hombro de la nix que cargaba a Olixer. Por el repentino e inesperado ataque la nix soltó a Olixer, intentó atraparlo en varias ocasiones, pero no pudo pues el rayo le había causado mucho daño. Olixer caía en picada, pero faltando unos metros para caer utilizó su habilidad de trasladarse; su habilidad y las ramas de los árboles redujeron considerablemente la fuerza con la que cayó.

Luxuri le gritó al nix para diera la vuelta y lo bajara para ayudar a su hermano, pero el nix le sugirió que lo dejase, que lo diera por perdido, que no podía ayudarlo. Luxuri le ordenó que regresaran o que le lanzaría un hechizo para soltarlo. "No me importa caer desde aquí", le aseguró el chico. El tono serio y molesto de Luxuri hizo que el nix regresara, aunque no sabían exactamente donde había caído Olixer, el nix descendió dentro del bosque lo más que pudo y lo dejó apenas aun metro del suelo, luego se fue volando al auxilio de su amiga quien apenas lograba sostenerse en el aire.

El bosque Korosta era un lugar aterrador, dentro de él no se lograba deslumbrar el cielo aunque fuera el día más soleado, los rayos del sol no podían penetrar la densa niebla que se alojaba unos metros arriba de las copas de los árboles, estos tenían un aspecto aterrador, dentro del bosque el clima se tornaba frío y el aire denso.

En la zona donde estaba Luxuri no había mayor ruido, el canto de un zhar interrumpió aquel silencio, Luxuri vio al ave en la rama de un árbol seco y lo derribó con su hechizo iogen.

A presagiar la muerte a otro lado –exclamó Luxuri, quien sabía que el canto de los zhar presagiaba muerte, (y en algunos casos buena suerte) razón por la que lo hizo callar casi de inmediato–.

El ruido que hizo el pájaro al ser impactado por el hechizo de Luxuri apenas hizo un leve eco, pero el jovencito sabía que eso era suficiente para llamar la atención de cualquier otra criatura. Tenía que darse prisa si quería encontrarse con su hermano antes de toparse con alguna criatura. Buscó en su sombrero, solo cargaba un frasco con agua y una bomba llameante, el frasco con agua lo metió en el bolsillo de su pantalón y la bomba llameante la llevaba en su mano derecha. Con su mano izquierda conjuró el hechizo dux, y en su mano se formó una pequeña ave resplandeciente, como una lámpara de aceite, pequeña como un colibrí.

Busca a mi hermano –le susurró de manera sutil a la avecilla, quien asintió con la cabeza y salió volando tan aprisa que Luxuri la perdió de vista.

Un dolor muy agudo le hizo despertar, por un momento Olixer se sintió confundido, su espalda y cabeza le dolían mucho, pero el dolor más fuerte lo tenía en su tobillo. A simple vista se notaba que no estaba en la posición que naturalmente tendría que estar, no supo en qué momento, pero de su ojo izquierdo brotó una lágrima, quizás de dolor físico o de agotamiento emocional o quizás de tristeza, no podía sacar de su mente el ver tirado a Boxter en el suelo sin vida. Durante toda la noche mientras la nix lo cargaba no pensó en otra cosa, una y otra vez en su mente se repetía la misma escena, cada vez que lo recordaba se le estrujaba su corazón y se le salían las lágrimas.

Escuchó un extraño ruido, como de alguien que se acercaba, buscó en la funda que llevaba en su cintura la navaja que anteriormente había usado para cortar los lazos, pero ya no estaba, quizá al pasar sobre esas ramas se le había perdido. No tenía armas, ni magia, nada con qué defenderse, físicamente estaba muy agotado y herido. Buscó un lugar para esconderse, y casi arrastrado se escondió entre las enormes raíces de un árbol. Olixer tenía la esperanza que su hermano regresaría por él y lo ayudaría. Por su mente pasó la vaga idea de caminar, pero no sabía en qué dirección estaba la salida, podría ser que, en lugar de salir, tomara la dirección errónea y lo introdujera aún más en el bosque, recordó uno de los consejos que le dieron en su ciudad; "si estas perdido busca un lugar seguro, no te muevas a menos que tu vida esté en riesgo". Por lo que pensó le sería más fácil a su hermano encontrarlo si se quedaba en un lugar fijo.

Olixer sucumbió al cansancio, cerró sus ojos y se durmió durante un instante, aunque él no supo si se durmió durante horas o durante unos segundos. A lo lejos vio que entremedio de la oscuridad una débil luz que se movía a gran velocidad de un lado a otro, se acercaba a donde él. Por un momento pensó que era alguna criatura del bosque, pero hasta que estuvo muy cerca logró ver con claridad que era una avecilla brillante, justo como la que Irina le enseñó a conjurar a su hermano. La avecilla se posó frente a Olixer, dio un par de giros alrededor de él como si estuviese constatando que era la persona a quien buscaba. Al asegurarse que lo había encontrado la ave salió volando de regreso.

Solo falta esperar –pensó –mi hermano ya viene.

Pasó un corto tiempo y no había ni rastros de su hermano o de la avecilla. Nuevamente la tristeza lo invadió, volvió a pensar en Boxter, volvía a echarse la culpa de la muerte de este.

Sí, es tu culpa –se escuchó una extraña y aterradora voz–.

Olixer miró en todas direcciones y se preguntó de qué lugar provenía esa voz.

Puedo sentir tu culpa –susurró aquella voz –sí claro, fue tu culpa.

Olixer sintió cómo el miedo recorría sus venas, añadido a esto una sensación de culpa tan abrumadora, como si alguien le colocase en sus hombros un manto frío. Por más que quiso no pudo ubicar de donde provenía aquella voz. Los pensamientos negativos lo invadieron. Fui egoísta –pensó –¿cómo pude olvidarme de Boxter?

Por su mente pasó el recuerdo cuando se encontraba en la Ciudad de Plata, precisamente cuando lanzó aquella moneda al pozo de la suerte, recordó lo que pidió. "Deseo que mi hermano y yo tengamos la suerte suficiente para llegar a salvo a nuestro país". Sintió una punzada en el corazón, ¿cómo pudo olvidarse de Boxter?, ¿cómo pudo olvidarlo? Las lágrimas le brotaban de sus ojos, aquellas duras lágrimas, aquel sentimiento de culpa que oprime el corazón, y luego le surgió aquel deseo de tener el poder para volver en el tiempo, justo a ese preciso momento y agregar a Boxter a ese deseo.

No me importa dar todas las riquezas que llegase a tener –pensó –nada más por tener una oportunidad de salvarle la vida a Boxter.

Es tu culpa –dijo nuevamente aquella voz–.

Olixer comprendió, que sea lo que fuese, le estaba hablado en la mente, pero al mismo tiempo sentía cómo aquel ser que emitía esa voz se acercaba, pero no lo podía ver.

Sucumbe, sucumbe a la culpa –dijo nuevamente –solo eso te queda.

Olixer se esforzó para no hacer caso a aquella voz, cerca de él logró visualizar la silueta de un alto y extraño ser que daba la impresión de que buscaba algo o a alguien entre los árboles.

Sé que estás cerca –dijo nuevamente– puedo oler tu miedo. No trates de ocultarte.

Olixer estaba paralizado, sentía como si su cuerpo se hubiese enraizado al suelo, pero cuando todo parecía perdido, cuando estuvo a punto de abrir a totalidad su mente y sucumbir al dolor y a la culpa, alguien llegó por su espalda... Era Luxuri quien lo sorprendió con un abrazo seguido de un beso en la cabeza. Era un abrazo tan cálido que el chico sintió cómo aquel manto frío se desprendía de sus hombros.

Sabía que volverías por mí –le dijo con alivio.

Estás muy golpeado. ¡Tu pie! –expresó con admiración Luxuri–.

No alces la voz –le susurró el chico –hay algo entre esos árboles.

Luxuri echó un vistazo, pero no logró visualizar

nada. Olixer se le echó encima a su hermano, le dio un abrazo como si tuviese siglos de no verlo.

¿Y si me sueltas? –preguntó Luxuri, quien no se podía mover por el fuerte abrazo de su hermano–.

Ante lo que su hermano respondió que debía curarlo si querían salir rápidamente de allí, y a lo que él respondió con un movimiento de su cabeza. Acto seguido, el muchacho puso sus manos sobre el tobillo de su hermano y sin previo aviso volvió su tobillo al lugar donde tenía que estar, fue tan repentino que a Olixer no le dio tiempo de gritar o quejarse. Luego de colocarle el pie, el pequeño mago sacó de su bolsillo el frasco con agua y se la dio beber. Mediante magia le redujo considerablemente la inflamación y el dolor de su tobillo.

El sonido de alguien caminando los puso en alerta. Ambos guardaron todo el silencio posible, entre los árboles vieron un extraño ser que se paseaba de un lado a otro, su aspecto era terrorífico, parecía un esqueleto de color gris, en su rostro no se miraban ojos, parecía estar ciego, sus largos brazos eran como ramas secas de un árbol y al andar arrastraba sus pies descalzos, bestia una extraña ropa rota y vieja, como con las que se visten a los espantapájaros. Al encontrase cerca escucharon su agitada y fuerte respiración acompañada de un fuerte hedor a frutas podridas.

Sé que están ahí –dijo en un todo de voz que le hizo erizar la piel a Olixer –pude oler su magia, sé que son nenfis, el olor de esa magia y esa sangre es inconfundible.

La criatura olfateaba por todos lados, tratando de ubicarlos por su olor ya que no los podía ver.

Si se entregan morirán rápido, pero si los encuentro, les daré un destino peor que el mío –siguió diciendo la criatura –no quieren que los encuentre…

Ambos hermanos se mantuvieron en silencio, con el corazón golpeándoles como un tambor, la criatura se fue acercando cada vez más y más, Luxuri le dio la bomba llameante a su hermano sin mencionar palabra alguna. Solo con el gesto de su boca el chico le comunicó que esperara el momento justo para lanzarla.

¡Ya se dónde están! –les gritó la criatura y apresuró el paso con sus brazos extendidos (si es que se le puede llamar así a esas ramas de árbol) –.

Luxuri le lanzó un hechizo iskry sobre una rodilla y lo hizo caer, Olixer le lanzó la bomba llameante, y al estallar, aquella criatura se vio totalmente envuelta en fuego, se puso en pie y salió corriendo en otra dirección dando alaridos.

¡Tenemos que irnos! –le gritó Luxuri a su hermano –este lugar se llenará de toda clase de criaturas.

Pero ¿hacia a dónde? –repuso Olixer –no tengo idea de donde está la salida.

Tiene que estar en esa dirección –le respondió Luxuri y se acomodó a su hermano en sus hombros –con la caída te desubicaste, pero yo bajé suavemente y se dónde estamos.

El pequeño mago realizó nuevamente el hechizo dux y de entre la palma de su mano brotó una avecilla en forma de colibrí, pero a diferencia de las otras, esta brillaba con más intensidad.

Adelántate y guíanos a la salida –le ordenó a la avecilla, la cual se adelantó a ellos unos diez metros y les iluminaba un poco entre aquella insondable oscuridad con su cálida luz–.

Se encontraban muy cerca de la salida. A medida que avanzaban tenían la sensación de que alguien o algo los perseguía, pero a pesar de que cada dos metros que avanzaban volteaban la mirada hacia atrás no pudieron ver qué era aquello. Delante de ellos, a unos metros, se lograba vislumbrar el final de los árboles, pero algo los detuvo, la avecilla que iba por delante de ellos se topó con una niebla de color amarillo que emanaba del suelo. Esta apenas se elevaba un metro y medio del piso, pero cubría más allá de donde la vista alcanzaba, tanto hacia la derecha como a la izquierda. Cuando la avecilla atravesó la niebla amarilla soltó un chillido y se disolvió como polvo; al parecer la niebla era venenosa. De no estar tan cansados, con facilidad hubiesen saltado sobre la niebla que apenas se extendía unos cinco metros por delante de ellos. Luxuri le lanzó el hechizo oigen para que el fuego disipara la niebla, pero era tan densa que el hechizo apenas pudo penetrar.

Tenemos que hacer algo –expresó Luxuri con voz cansada mientras miraba hacia atrás –pero no se me ocurre nada

¿Crees que podría hacer un hechizo de depósito con esa niebla? –le preguntó Olixer–.

E inmediatamente el rostro de Luxuri expresó una mirada esperanzadora.

Hermano, ¡eres brillante! –le dijo mientras hurgaba en su sombrero hasta que encontró un frasco vacío muy grande. Lo destapó y comenzó a repetir en un tono sutil y lento –intrare bi segar –que en lengua humana significa "entra con calma".

El frasco comenzó a adsorber la niebla como que fuera una aspiradora, y aunque no la adsorbió en su totalidad, sí lo hizo suficiente como para poder hacer un camino en medio y así poder avanzar. Después de tapar la botella con un sello mágico ambos siguieron corriendo hasta que por fin lograron salir del bosque.

CAPÍTULO 16
Un último artilugio

Al salir del bosque ambos se tiraron al suelo totalmente exhaustos. Aunque el día era nublado, podían sentir la cálida luz sobre su piel y el aire fresco entrando en sus pulmones. Tenían la certeza de ser muy afortunados; lograron salir de ese bosque Korosta, un lugar del que solo su nombre ya generaba terror, y del que habían escuchado tantas historias sobre cuan imposible era salir con vida de ese lugar, pero ellos lo habían logrado. Durante unos minutos se mantuvieron en la orilla, luego (no sintiéndose en seguridad y aun sin haberse recuperado totalmente) siguieron por un sendero que se dirigía hacia la Montaña Calva.

Caminaron durante largas horas hasta llegar a las faldas de la montaña. Por la ubicación del Sol supieron que era medio día y que aún faltaban varias horas de luz antes de caer la noche.

Luxuri le pidió a su hermano que descansara, que él sería el encargado de vigilar. Y pese a ser mediodía Olixer se quedó dormido durante un par de horas. El lugar parecía tranquilo, el aire era fresco, las nubes ya se habían disipado y el Sol tocaba su piel con suavidad, los árboles propinaban una sensación de resguardo, era un ambiente que contrastaba con lo vivido en las primeras horas del día.

Tengo mucha hambre –le comentó Olixer a su hermano mientras bostezaba y estiraba sus extremidades –quizá demasiada.

Dímelo a mí –le contestó –ya hace varios días que no hemos podido comer y no hay nada. Quizá podríamos cazar algo.

Podríamos si no estuviésemos tan machacados –le dijo Luxuri soltando un largo y desalentador suspiro –y claro, si hubiera algo que cazar.

Luxuri buscó un poco de comida, pero no logró encontrar más que unos ruibarbos, los cuales empalaron con ramas y pusieron a asar sobre una fogata improvisada encendida a la antigua. Solo eran unos tubérculos, pero para alguien que tenía días de no ingerir alimentos, parecía un majar. Cuando ya casi estaban cocidos los ruibarbos, se escuchó aquel zumbido inconfundible que hace un portal, dejaron la comida y se ocultaron esperando a ver quién era.

Cerca de un árbol Arkady salió del portal, estaba muy cerca de ellos. El mago parecía cansado y herido, se apoyó sobre un árbol y se quedó ahí sin hacer nada, los dos hermanos retrocedieron muy lentamente sin hacer ruido. Cuando estuvieron un poco lejos comenzaron a susurrar entre ellos.

¡Ese Arkady! –exclamó Luxuri entre los dientes –parece cansado y herido, pero no está más grave que nosotros, aun así, podría vencernos. Tenemos que irnos ya.

¿Sabes? –agregó Olixer –No sé tú, pero estoy cansado de huir, si los días futuros serán como los días anteriores, solo será cuestión de tiempo para que nos maten, mejor hay que hacer algo para que nuestro camino hacia el norte sea más agradable.

¿Tienes pensado algo? –preguntó Luxuri–.

Se me acaba de ocurrir una loca idea –le contestó –es muy arriesgada y dolorosa, pero si todo sale bien y tenemos suerte podremos deshacernos de Arkady de una vez por todas. Aún tienes un último artilugio –le dijo y le señaló su brazalete multiplicador –es hora de utilizarlo. Este solo hará una ilusión de una persona, pero con una basta.

Luxuri le susurró al oído a su hermano y le explicó qué sería lo que haría. Olixer se negó por un momento, diciéndole que estaba loco, que era muy arriesgado y que podía morir, pero al final accedió, porque su hermano le aseguró que sobreviviría.

¡Esto se ve sabroso! –exclamó a viva voz Luxuri –¡Qué delicia! ¡Espera un momento ya casi están!

El mago Arkady escuchó una voz y lentamente se fue acercando hasta el lugar de donde esta provenía y se quedó escondido entre los árboles, vio a Luxuri sentado soplando el fuego y preparándose para comer, a su lado el otro chico sentado viendo fijamente el fuego.

Los chicos están distraídos– pensó –es la oportunidad de atacarlos.

Esbozó una sonrisa en su rostro, apuntó su vara hacia Olixer y le lanzó una bola de energía de color negro que tenía forma de calavera. La bola impactó sobre el jovencito con tal fuerza que lo hizo polvo (literalmente) incluso Arkady se admiró al ver el efecto de su ataque. El impacto fue tan fuerte que la pequeña fogata que habían hecho se apagó y la comida salió lanzada junto con el chico.

Luxuri se puso en pie y le gritó con enojo. Arkady corrió hacia él, lanzándole hechizos, el joven mago logró bloquear unos cuantos hasta que logro impactarlo con el hechizo de nombre "dinasia" y lo dejó inmóvil como una estatua.

Llegó donde Luxuri, que estaba tirado en el suelo, tan tieso como una roca, pues no podía mover nada más que sus ojos, Arkady se descolgó una de las cadenas que cargaba y lo ató de pies y manos. Se reía a carcajadas y gritaba de celebración. Estaba tan contento que lanzó varios hechizos hacia al cielo como si fuesen cohetes de fiesta. Luego de celebrar se sentó en un tronco que estaba alrededor de la extinguida fogata y comenzó a hablarle a Luxuri.

Eres la rata más escurridiza que he tenido que cazar, por tu culpa perdí a mis mascotas –le reprochó y le dio un puñetazo en la cara –tendría que hacerte sufrir, pero.... quiero que estés lo más intacto posible, que seas un trofeo reluciente –agregó y le dio un beso en la frente –¡el primer nenfis mago del que se tenga conocimiento y no solo el primero, el único y eres mío!

Me enteré de tan valioso trofeo –le dijo mientras le palmeaba la cabeza a Luxuri como que fuese un perro –supe de tu existencia por Grimoy, lo encontré hace varios meses en el páramo desolado a punto de morir, me confesó que se topó con un trio de nix y luego con ustedes, lo demás es historia. Arkady vio en el suelo un trozo de ruibarbo, lo limpió pasándole su vara mágica y comenzó a comérselo.

Andaba en búsqueda de un huprechaun para mi colección cuando mis perros –dijo y le dio otro puñetazo en el rostro a Luxuri seguido de otro beso –encontraron el olor de un nenfis y supe que serían aquellos que Grimoy me había hablado, el destino me premiaba con aquel tan interesante trofeo. Hubiese sido fácil de no ser por ese gólem, vaya que era fuerte.

A todo esto, el efecto paralizador comenzaba a menguar.

Me preguntó ¿por qué los busca el guardián? No creo que unas ratas como ustedes le hayan robado el cuerno mágico, pero algo tuvieron que hacerle o robarle para que él saliera de ese castillo, de no ser por él y esos nix, ahorita estaríamos con rumbo a mi cárcel en Korosta. Creí que los había perdido, pero gracias a una bola de cristal mágica los pude ver cuando volaban y ¡vaya que afortunado fui! Los vi venir en el cielo y logré derivarlos, no pude dar con la ubicación de donde habían caído, pero no podía ser lejos del borde del bosque, de no ser por unos kelpies chupa sangre que me atacaron hubiese podido alcanzarlos, pero son tan predecibles –dijo Arkady en tono despectivo– era evidente que se refugiarían en este bosque y qué mejor lugar que las faldas de la montaña –terminó diciendo y le besó nuevamente la cabeza al chico como si se tratase de un valioso trofeo y comenzó a carcajearse.

Justo cuando estaba riéndose a todo pulmón un frasco de cristal grande cuyo contenido era de color amarillo se lanzó en dirección de Arkady, y como este al reírse alzaba la vista hacia el cielo no se percató del ataque; el frasco se rompió en el suelo frente a él, enseguida una espesa niebla amarilla los cubrió. Arkady intentó huir, pero cayó al suelo retorciéndose de dolor. A pesar de ser de apariencia espesa la niebla comenzó a disiparse debido a la luz del sol.

Olixer llegó donde su hermano, respiró profundo antes de introducirse al leve residuo de niebla amarilla que aún quedaba, tomó a su hermano por los pies y lo arrastró por el suelo sacándolo de la niebla. El rostro de su hermano estaba pálido, tanto que todas las venas de su rostro se lograban ver, parecía estar muriendo, Olixer sacó de su bolsillo un frasco que contenía la poción de "medio vivo" y se la dio a tomar, luego sacó otro frasco medio lleno que contenía un líquido brillante y también se lo dio a beber. Unos segundos después Luxuri respiró con fuerza, similar a cuando una persona sale de las profundidades del agua y respira. Su hermano le quitó la cadena con la que estaba atado y lo ayudó a sentarse.

¿Funcionó? –le preguntó Luxuri tosiendo –.

Sí, mi querido hermano –le contestó Olixer y le hizo un gesto para que viera a Arkady–.

Habiendo recuperado la suficiente fuerza para ponerse en pie los dos se le acercaron, este apenas respiraba.

¡Eso es por Boxter! –le gritó Luxuri a quien le brotaron unas lágrimas –.

No somos tan predecibles, ¿verdad? –se jactó Olixer–.

Luxuri hubiese tenido el mismo destino que Arkady, pero antes de que este llegara, había ingerido medio frasco de poción de "medio vivo" y medio frasco del antiveneno de los leprechaun. Según su plan: el tomar estas pociones evitaría que la niebla lo envenenara o que al menos resistiera lo suficiente para tenderle la trampa al cazador. Con su pulsera multiplicadora Olixer creó un holograma de sí mismo sentado frente a la fogata, estaba seguro de que Arkady buscaría matarlo y así quedarse solo con su hermano, pues su propósito era capturarlo con vida.

El hecho de pensar que se había desecho de uno de los nenfis y ya no teniendo nadie que lo pudiese atacar hizo que este se confiara tanto que no esperó el ataque sorpresa de Olixer.

Ambos observaron el cuerpo de Arkady y corroboraron que ya estaba sin vida. Olixer tenía sus dudas, pero su hermano le señaló la vara del mago, la cual se encontraba agrietada de una punta a la otra. El cráneo de serpiente que tenía en una de sus puntas se había partido en dos.

Cuando el dueño de la vara mágica muere, la vara se fractura y es inservible –le explicó Luxuri –así que no hay dudas.

Arkady no portaba mochila ni mayor cosa sobre él, aunque ambos recordaban que en los dos anteriores encuentros con él sí portaba una mochila muy grande, pero era probable que la hubiese perdido en el bosque.

Como Arkady solo llevaba un medallón de cobre, Olixer se lo quitó y lo examinó por un momento. Este, en la parte posterior tenía grabada una frase que decía "la grandeza llega a aquel que la busca" y esa era la misma frase que tenía grabado el collar de Grimoy. Alzó el collar y se lo ofreció a su hermano.

Llévatelo como trofeo –le dijo –sin tu plan no lo hubiésemos derrotado.

Luxuri tomó el collar y luego de examinarlo lo guardó en su bolsillo y tomo los restos de la vara del cazador. Los hermanos caminaron guiándose por un sendero marcado en el pasto, este los llevó a un pueblito de humanos y dríades. Ahí pasaron dos días recuperándose de sus heridas y tomando un poco de fuerzas para seguir con su viaje, en ese lugar no sucedió nada importante o de mayor relevancia que amerite contar, aunque cabe mencionar que en el mercadillo intercambiaron un depósito mágico que contenía luz de luna por una carreta encantada de segunda mano.

Siguieron durante cinco días sin tener mayores complicaciones, más que encontrarse con los senderos llenos de lodo y agua por el derretimiento de la nieve.

Durante esos días ocultaron su magia, teniendo en mente que el guardián los podría seguir buscando y podría detectarlos.

En el quinto día salieron del sendero y siguieron por la ribera del río Longus, en una parte del trayecto unos aldeanos les advirtieron que en la dirección que ellos viajaban podrían toparse con unos humanos y titanes que se encontraban haciendo su nashnite y algunos se dedicaban a robar o secuestrar. Esta advertencia la tomaron muy en serio y los mantuvo vigilantes; durante ese día avanzaron rápido y sin ningún hecho notable de mencionar, excepto que durante la madrugada Luxuri se despertó de golpe, porque había escuchado un rugido como el que, hacia el guardián, pero no estaba seguro si lo había escuchado en un sueño o si el rugido lo había despertado de su sueño. Se asustó tanto que le pidió a su hermano que mejor siguieran con su viaje. Luxuri se enojó y regañó a su hermano, pues a este le tocaba vigilar y se había quedado dormido.

Salieron en la oscuridad, y no se detuvieron hasta la tarde. Llegaron al punto en que el río se convierte en el límite fronterizo entre el país de Ascool y el país de Retker. Si las leyendas eran ciertas, el guardián no podría pasar del río por la maldición que yacía sobre él; no se lo permitiría.

El cielo estaba despejado de nubes, como no había lunas, se podía contemplar un infinito manto rojizo lleno de estrellas brillantes. Ambos hermanos estaban recostados en un acogedor pasto azul con sus brazos entrelazados atrás de su cuello, cada uno hundido en sus pensamientos.

Durante todo su viaje a Olixer nunca le había pasado por su mente cómo sería su llegada a la ciudad o cómo serían recibidos, y cuantos días de fiesta habría. Siempre mantuvo sus pies en la tierra, pero ahora podía hacerse de todas las ilusiones posibles, aunque sonara un poco altivo, todo lo que habían pasado superaba por mucho a todo lo que sus antecesores habían logrado durante su primer nashnite. ¿Su mentora Fyorda se sorprendería de tales hazañas?

El chico sacó de entre su camisa el collar que Ayris le había regalado. ¿Qué pensaría la pequeña maga al verlo? ¿Sentiría lo mismo que él sentía por ella? ¿Qué tanto lograría impresionarla al verlo llegar triunfante de aquella insólita misión? Por un momento tuvo la vaga idea de sugerirle a su hermano que fueran a Gelendo.

Por su parte Luxuri miraba fijamente una palpitante estrella rojiza, aun no podía creer que después de tantos peligros por fin estaban tan cerca de su tierra natal; solo un par de días más y entrarían por esa puerta que hacia un poco más de dos años había visto con desespero, pensado que quizás sería la última vez que la vería.

Igualmente se preguntaba cómo serían recibidos. No podía imaginar el orgullo que sentirían su madre y su padre. Al igual que su hermano, tuvo la idea de sugerirle ir a Gelendo ¿qué pensaría su maestra Irina?, ¿la impresionaría al mostrarle cuanto había aprendido? Estuvo a punto de decirle a su hermano que fueran a Gelendo, pero antes de mencionar palabra alguna, recordó que por alguna razón aún no tenía su vara mágica. Entonces comenzó a ponerse triste, no conocía a un aprendiz de mago que no hubiese obtenido su vara en su primer viaje, había recorrido medio continente y aun no tenía la suya, unas duras y frías lagrimas brotaron de sus ojos.

¿Será que aún no soy lo suficientemente digno o bueno para tener una vara? –se increpó duramente a sí mismo y soltó un triste suspiro –.

Su hermano giró la cabeza y vio sus ojos cristalinos.

¿Por qué estas llorando? –le preguntó en tono cálido –¿Es por Boxter?

Luxuri no respondió en el momento, se dio una larga pausa y luego dijo: "Aunque he llorado mucho por Boxter, no es por eso".

¿Entonces qué es? –le preguntó nuevamente –.

Voy con las manos vacías, seré el primer mago que termina su nashnite sin tener su vara mágica –concluyó –.

Olixer no supo qué responder, le echó el otro brazo a su hermano y lo abrazó. Después de pensar que decir agregó: "Has pasado por tantas aventuras y hecho cosas increíbles solo con tus manos. Estas no están vacías. Míratelas –le dijo mientras se las acercó al rostro –esa herradura, ese trébol y ese anillo de campeón no son simples adornos, simbolizan tu esfuerzo y dedicación.

Luxuri se pasó su brazo para limpiarse las lágrimas, le correspondió el abrazo a su hermano y dijo: "gracias, gracias porque siempre he contado contigo, serías el hermano perfecto si no roncaras como un dragón".

Olixer solo se sonrió y luego terminó diciendo: sobre tu vara, ten esperanza, aún no hemos llegado a Imbler, nuestra aventura aún no ha concluido.

EPÍLOGO

Arseni se despertó agitado, su corazón le bombeaba con mucha fuerza, se levantó con tanto arrebato que despertó a Lyall el cual se encontraba soñoliento haciendo la vigilancia. Le costó calmarse, cuando lo hizo se sentó y suspiró. Ya hace un tiempo que tenía el mismo sueño, lo había repetido al menos cinco veces sin ningún ápice de variación, estaba consciente que dado que tenía los dones de profecía no se trataba de un sueño, más bien eran visiones de hechos próximos.

Me preocupa este sueño –le dijo con tono de preocupación Arseni a Lyall, sin que este le preguntara nada–.

Podrías contármelo –le respondió con calma Lyall– deseando que este hablara más para mantenerse despierto.

Es un sueño extraño –le dijo Arseni mientras su mirada se perdía frente a la fogata – nos encontrábamos junto a ti y a Tridan en la ribera de un río desconocido. A Tridan y a mí nos apuntaba un chico como de nuestra edad con una ballesta y parecía decidido a hacerlo, de pronto todo se vuelve borroso y despierto.

¿Y yo me encuentro en ese lugar? –preguntó con interés Lyall–.

Sí –respondió de manera fría Arseni –pero te encuentras lejos, empuñando tu arco, pero no sé la razón por la que no nos puedes ayudar.

¿Y Datxer? –lo cuestionó Lyall –.

No lo sé –respondió Arseni y se acomodó la manta –apenas pude diferenciarte a la distancia, supongo que estará cerca.

Extraño –mencionó Lyall –¿seguro que no los conoces?

Seguro –comentó con firmeza Arseni –jamás los he visto, pero en el sueño logré escuchar sus nombres.

Lyall lo miró con impaciencia, esperando a que Arseni los mencionara, luego de una eterna pausa y mientras se acomodaba para tratar de seguir durmiendo dijo:

"uno se llama Olixer y el otro se llama Luxuri"...

Made in the USA
Monee, IL
08 November 2026

68155709R00142